U0255688

山东省水生生物
增殖放流实践与探索

涂忠 李凡 主编

中国农业出版社
农村读物出版社
北京

图书在版编目（CIP）数据

山东省水生生物增殖放流实践与探索 / 涂忠，李凡
主编 . —北京：中国农业出版社，2024.1
ISBN 978 - 7 - 109 - 31587 - 7

Ⅰ.①山…　Ⅱ.①涂…②李…　Ⅲ.①水产资源－资
源增殖－山东　Ⅳ.①S931.5

中国国家版本馆 CIP 数据核字（2024）第 001325 号

中国农业出版社出版

地址：北京市朝阳区麦子店街 18 号楼
邮编：100125
责任编辑：杨晓改　林维潘　　文字编辑：刘金华
版式设计：杨　婧　　责任校对：张雯婷
印刷：中农印务有限公司
版次：2024 年 1 月第 1 版
印次：2024 年 1 月北京第 1 次印刷
发行：新华书店北京发行所
开本：700mm×1000mm　1/16
印张：12
字数：208 千字
定价：128.00 元

版权所有·侵权必究

凡购买本社图书，如有印装质量问题，我社负责调换。

服务电话：010 - 59195115　010 - 59194918

编写人员名单

主　　编	涂　忠　李　凡
副主编	董天威　徐炳庆　胡新艳　卢　晓

编写人员（按姓氏笔画排序）

丁金强	于　宁	于本淑	马　朋	王　华	王　欣	王　雪
王云中	王云汉	王艺霖	王文杰	王文豪	王田田	王四杰
王安彬	王运国	王志杨	王秀霞	王明辉	王治宇	王学忠
王诗帅	王绍军	王荣星	王树田	王爱勇	王熙杰	王慧玲
王德志	卞晓东	方永慧	卢　晓	曲江波	吕　强	吕振波
朱斐斐	任中华	刘　杰	刘　峰	刘心田	刘沛栋	刘忠海
刘建影	刘洪涛	刘淑德	孙利元	孙利东	孙作登	孙希福
纪云龙	苏　彬	苏海霞	杜冰青	杜金爽	李　凡	李　苗
李　斌	李伟亚	李宇生	李作朕	李战军	杨宝清	杨建新
连　昌	连春生	吴兰臣	吴红伟	吴蒙蒙	吴德刚	邱盛尧
何　鑫	宋　娜	宋宗诚	张　宁	张　春	张　萌	张　爽
张玉华	张本成	张沛东	张国光	张信泽	张焕君	张新峰
陈圣灿	陈建涛	陈建强	尚子鸣	罗　刚	周广军	周玉国
郑　亮	单秀娟	孟庆磊	赵　强	赵传海	赵厚钧	赵振营
胡发文	胡新艳	柳忠生	信敬福	姜乐安	姜作真	姜俊楠
娄方瑞	祝军利	贺志鹏	徐荣静	徐炳庆	高　方	高克忠
郭　栋	郭　鹏	唐永政	唐建春	涂　忠	姬广磊	曹亚男
崔玉龙	董天威	董秀强	董贯仓	董晓煜	蒋帮铜	韩晓凤
景　滨	管剑峰	谭军成	戴一琰			

前 言
PREFACE

　　水生生物增殖放流是指采用放流、底播、移植等人工方式向海洋、江河、湖泊、水库等公共水域投放亲体、苗种等活体水生生物的活动（《水生生物增殖放流管理规定》，中华人民共和国农业部令〔2009〕第20号）。增殖放流是水域生态文明建设的重要组成部分，是环保行动、民生工程、公益事业和向善之举，具有投资少、见效快、效益高、公益性强等特点，深受广大渔民群众的欢迎。

　　山东省是渔业大省，也是增殖放流大省，更是国内最早开展规模化增殖放流的省份，一直在"摸着石头过河"。1981年开始，山东省陆续在莱州湾、乳山湾、桑沟湾等海域开展中国对虾增殖放流试验，在成功试验的基础上，1984年在山东半岛南部沿海率先开展中国对虾生产性增殖放流活动，拉开了全国规模化增殖放流的序幕。1987年，设立省级专管机构，由山东省海洋捕捞生产管理站（2011年更名为山东省水生生物资源养护管理中心，2021年4月山东省水生生物资源养护管理中心与山东省渔业技术推广站整合组建山东省渔业发展和资源养护总站）承担全省增殖放流管理工作。2005年，在生态省建设背景下，经省政府批准，山东省启动实施以增殖放流、人工鱼礁建设等为主要内容的"渔业资源修复行动计划"，在全国率先对渔业资源进行全方位、立体式、系统性修复，增殖放流事业发展进入快车道。2008年，出台全国首个省级增殖政府规章《山东省渔业养殖与增殖管理办法》。2010年，起草全国首个增殖行业标准

《水生生物增殖放流技术规程》。2014 年，启动"海上粮仓"建设，将以增殖放流等为主要内容的海洋牧场定位为"海上粮仓"建设的核心区。2018 年，又先后开启打造乡村振兴齐鲁样板、海洋强省建设和新旧动能转换综合试验区建设等系列重大发展战略，持续将增殖放流作为一项重要内容进行部署。为落实习近平总书记"海洋牧场是发展趋势，山东可以搞试点"重要指示精神，2019 年开启为期 3 年的现代化海洋牧场建设综合试点工作，增殖放流发展迈上新台阶。2022 年，印发全国唯一一个省级"十四五"增殖放流发展规划。

40 多年来，在农业（农村）部的科学指导下，在省委、省政府的坚强领导下，全省各级渔业系统从水域生态系统修复需求和增殖放流行业特点出发，以"牧渔富民、养护生态"为目标，以敢为人先、科学求实、开拓创新、甘于奉献的精神持续推进水生生物增殖放流事业，不断将其做细做实、做大做强，一路走来、一路引领。经过不懈探索、实践与创新，目前，山东省的增殖放流规模、管理和技术水平及增殖效益均处于全国首位，年度增殖放流投入与规模均占全国的 1/5 以上，是全国水生生物资源养护工作的领头雁、排头兵，首创的标准化、法治化、增殖站、云放鱼、大放流等山东理念被纳入全国"十四五"水生生物增殖放流工作指导意见，增殖放流工作得到了各级领导的充分肯定和社会各界的一致好评。据不完全统计，1984—2021 年，全省累计公益性增殖放流各类水生生物苗种约 975 亿单位，秋汛回捕增殖产量约 76 万吨，实现产值约 238 亿元，中国对虾、三疣梭子蟹、海蜇等近海捕捞渔民增收型物种综合投入产出比达 1∶17 以上，回捕中国对虾、三疣梭子蟹、海蜇等重要增殖资源已成为全省 1 万多艘中小功率渔船秋汛的主要生产门路之一。因修复成效显著，在启动渔业资源修复行动计划后的第二年，省委、省政府就将其确定为"为全省农民办的十件实事之一"。

回望过去，硕果累累；展望未来，信心百倍。但稍感遗憾的是，

40 年来，山东省虽然做了大量可圈可点、富有成效的工作，却一直未对增殖放流工作进行系统梳理、全面总结、凝练提升。现今山东省增殖放流事业高质量发展尚面临诸多问题和挑战，突出表现在：近海捕捞强度居高不下，渔业种群恢复较难；增殖放流管理体制及运行机制不够科学，亟待改革创新；放流资金投入不稳定、不平衡，直接投入产出比明显下降，放流综合效益还不高；科技支撑明显滞后，全方位支撑体系尚不完善；法律法规制度供给不足；群众性底播增殖和社会性放流放生监管尚处空白，存在较大生态安全隐患，等等。同时，增殖放流是一项整体性、系统性、协同性非常强，专业性、技术性、时令性要求非常高的生态工程和系统工程，山东省增殖放流事业高质量发展迫切需要全面回顾、认真总结，凝练经验、查摆不足，同时借鉴国内外增殖放流的先进经验做法，强化顶层设计，坚持系统思维，创新战略策略，加强增殖放流管理体系和管理能力建设，为打造乡村振兴齐鲁样板、加快建设农业强省，为全省乃至全国现代渔业可持续发展和水域生态文明建设做出新的更大贡献。

　　40 多年来，山东省增殖放流事业从无到有、从小到大、从弱到强，一路走来历尽千辛万苦，能取得今天的成绩，实属不易，这无不凝结着全省水生生物资源养护工作者的辛勤与汗水，谨以此书献给一直以来为山东省水生生物增殖放流事业持续发展始终坚守、默默耕耘、无私奉献的人们！

　　因编写时间仓促，加之编者水平有限，难免存在疏漏之处，恳请读者批评指正！

编　者

2022 年 12 月 26 日

目 录
CONTENTS

前言

第一章　国内外水生生物增殖放流发展概况　/ 1

第一节　国外水生生物增殖放流发展概况　/ 1

一、发展历程　/ 1

二、主要国家增殖放流情况　/ 2

三、国外增殖史的启示　/ 4

第二节　国内水生生物增殖放流发展概况　/ 5

一、发展历程　/ 5

二、总体情况　/ 8

三、增殖放流效果　/ 9

第二章　山东省水生生物增殖放流发展概况　/ 11

第一节　公益性增殖放流　/ 11

一、发展历程　/ 12

二、基本情况　/ 19

第二节　群众性底播增殖　/ 24

一、基本情况　/ 24

二、主要物种　/ 25

三、存在问题　/ 26

第三节 社会性放流放生 / 26

    一、生态补偿放流 / 27

    二、社会捐助放流 / 27

    三、群众慈善放流 / 27

第三章　山东省公益性增殖放流主要物种　/ 28

第一节 鱼类 / 28

    一、褐牙鲆 / 32

    二、许氏平鲉 / 38

    三、黑鲷 / 44

    四、半滑舌鳎 / 50

    五、鲢、鳙 / 54

第二节 甲壳类 / 56

    一、中国对虾 / 58

    二、三疣梭子蟹 / 76

第三节 头足类 / 85

    金乌贼 / 86

第四节 贝类 / 104

    魁蚶 / 106

第五节 刺胞动物 / 110

    海蜇 / 110

第六节 棘皮动物 / 117

第七节 螠虫动物 / 117

第八节 环节动物 / 118

第九节 水生植物 / 118

    鳗草 / 119

第十节 水生野生保护动物 / 125

    一、多鳞白甲鱼 / 126

    二、松江鲈 / 128

第四章　山东省水生生物增殖放流经验与做法　/ 133

第一节　主要做法　/ 133

一、规划引领　/ 133

二、规范化管理　/ 136

三、多元化投入　/ 137

四、标准化放流　/ 138

五、苗种供应制度　/ 140

六、生态安全防控　/ 144

七、项目监督制约　/ 149

八、科技支撑　/ 149

九、宣传引导　/ 151

第二节　山东经验　/ 155

一、专业的事由专业的人统筹干　/ 155

二、坚持监管支撑两手抓两手硬　/ 156

三、强化苗种高质量稳定供应　/ 156

四、始终弘扬宝贵增殖放流精神　/ 156

五、打造全民参与的大放流格局　/ 157

第五章　山东省水生生物增殖放流成效与问题　/ 158

第一节　取得的成效　/ 158

一、生态效益　/ 158

二、经济效益　/ 159

三、社会效益　/ 162

第二节　存在问题　/ 162

一、近海捕捞强度大，渔业种群修复难　/ 162

二、增殖放流效益大幅下滑　/ 163

三、科技支撑体系待完善　/ 164

四、法规制度供给不足　/ 165

五、群众底播和社会放生监管缺失　/ 165

第六章　新时代山东省增殖放流事业高质量发展的战略对策　/ 167

第一节　面临的新形势和新要求　/ 167

第二节　战略考量　/ 168

一、指导思想　/ 168

二、基本原则　/ 168

三、主要目标　/ 169

第三节　具体对策及建议　/ 170

一、创新管理体制机制　/ 170

二、建立专项资金多元稳定保障机制　/ 171

三、强化三位一体监管　/ 172

四、完善全方位支撑体系　/ 174

五、加大和创新宣传工作　/ 177

六、争取开展全国创新试点　/ 178

主要参考文献　/ 179

第一章
国内外水生生物增殖放流发展概况

增殖放流是国内外公认的养护水生生物资源最直接、最有效的手段之一。本章重点介绍国内外水生生物增殖放流发展情况，首先让读者对水生生物增殖放流有一个全面的认识和了解，然后再在后续章节中系统介绍40年来山东省水生生物增殖放流的实践与探索。

第一节　国外水生生物增殖放流发展概况

一、发展历程

联合国粮食及农业组织对海洋鱼类种群长期监测结果表明（《2022年世界渔业和水产养殖状况》，FAO），全球海洋渔业资源状况持续恶化，2019年处于生物可持续水平范围内的渔业种群比例从1974年的90%下降到64.6%，其中57.3%已达到可持续捕捞的上限，仅7.2%未充分捕捞。在渔业资源普遍衰退的大背景下，增殖放流成为许多国家修复渔业资源、改善水域生态的选择。FAO资料显示，截至2007年，世界上共有94个国家报道开展过增殖放流，其中有64个国家开展过沿海增殖放流活动。根据增殖目的、投入规模、发展速度、增殖理念等的不同，国外水生生物增殖放流活动可分为3个阶段。

1. 起步发展阶段（19世纪40年代至20世纪初）。国外增殖放流最早可追溯至古罗马时期，从亚洲移殖鲤鱼至欧洲、澳大利亚和北美洲，以增加内陆水域渔业资源。1842年，法国将人工授精孵化的鳟幼鱼放流于河道中。随着海水鱼类人工繁育技术实现了突破，1860—1880年，美国、加拿大、俄国、日本、澳大利亚、新西兰等国家为增加商业捕捞渔获量，开始实施大规模的大麻哈鱼（*Oncorhynchas keta*）、大西洋鲑等溯河性鲑科鱼类增殖计划。

2. 快速发展阶段（20世纪初至20世纪90年代）。1900年后，随着海洋鱼类人工繁育技术的进一步发展和繁育种类的不断增加，美国、英国、挪威、苏联、澳大利亚、日本、韩国等开展了大规模增殖放流活动，种类覆盖鱼类、甲壳类和软体动物等 180 余种。其中，美国、英国和挪威等国家开始实施海洋经济物种增殖计划，放流物种主要是当地捕捞鱼类，如鳕、黑线鳕、狭鳕、鲆鲽类等；1963 年，日本开始大力推行近海增殖计划（栽培渔业或海洋牧场）。

3. 负责任发展阶段（20 世纪 90 年代至今）。20 世纪 90 年代，随着种苗标记技术的日趋成熟，评价增殖放流效果、优化增殖放流策略成为可能。同时，随着人们对海洋生态系统认识的不断深化，增殖放流重新成为资源养护和渔业管理的研究热点。1996 年，FAO 在日本召开的主题为"海洋牧场：全球视角"的国际研讨会将资源增殖或增殖放流视为海洋牧场，得到了许多国家认可，后续又在挪威、日本、美国、中国、澳大利亚等地多次召开国际研讨会。2010 年，增殖放流国际工作组提出负责任增殖放流十五大准则，旨在取得经济效益、社会效益和生态效益三赢的"负责任增殖放流"模式，增殖放流的科学性、规范性得到提升，增殖放流主阵地逐步转移到中国。

二、主要国家增殖放流情况

1. 日本。日本是较早开展增殖放流的国家之一，也是增殖放流工作开展最规范、体制最健全、效果最显著的国家之一。1963 年，在濑户内海创立首个国立栽培渔业中心，20 世纪 70—80 年代全面推进"栽培渔业"计划，建成世界上第一个海洋牧场——日本黑潮牧场，将增殖放流、鱼类行为控制、回捕技术开发、人工鱼礁建设、渔业资源管理等多种应用技术与海洋牧场相结合，开展了增殖容量等大量基础性研究。初期，增殖放流首选资源量严重下降的种类，以实现持续捕捞；其次为经济价值较高的鱼类，随着增养殖技术逐步成熟，增殖放流物种不断丰富，形成了鱼、虾、蟹、贝、藻全面发展态势。目前，日本主要增殖放流生命周期短的物种，属生产性增殖放流。日本渔业白皮书显示，2018 年日本增殖放流数量超过 50 亿单位，主要包括鲍类、海胆类、虾夷扇贝、真鲷、牙鲆、日本对虾、大麻哈鱼等，其中鲍类最多为 33.26 亿粒，海胆类次之，为 17.81 亿粒。

日本增殖放流工作以政府为主导，民间广泛参与，主要涉及政府主管部门、科研单位、栽培渔业协会以及 80 处栽培渔业中心（国立 16 家，都道府县 64 家）。其中，农林水产省水产厅负责制定全国增殖放流政策和总体规划，科研单位负责增殖放流基础调查和效果评估等工作，栽培渔业协会或栽培渔业中心负责增殖放流具体组织实施。相关法律主要包括《水产资源保护法》《海洋生物资源保护与管理法》《海洋水产资源开发促进法》《沿岸渔场整顿开发法》等。从1980年开始，专门设置增殖放流国家节日——富海节，至今已举办40余届。

2. 韩国。1967年，首次在江原道开展大麻哈鱼增殖放流。1987年，将增殖放流纳入政府扶持项目，每年投入超过50亿韩元。1998年，开始实施"海洋牧场计划"，先后依托韩国海洋科学技术院在日本海、对马海峡等地建设5处海洋牧场示范区，累计投资（含鱼礁建造、科研、放流）2兆韩元（120亿元人民币）。2006年，开始实行基于增殖放流的鱼类资源重建计划（FSRP）。统营市海洋牧场区建设期共放流各种鱼类1 280万尾（其中许氏平鲉585万尾），根据海洋牧场海区条件，许氏平鲉放流因小苗入海游泳摄食能力不足，而选定规格为7厘米，为增加成活率，在鱼苗3～5厘米时放入放流海区网箱暂养2个月，实行夜间灯光照射，促进鱼苗生长。1998年，该海区许氏平鲉资源量仅为118吨，2007年资源量增加到749吨。2012年，相关科研结果显示，该海区许氏平鲉已达到自我繁殖补充条件，每年自然早期资源补充量为2 000亿尾，此后可停止人工放流。目前，韩国增殖放流物种达38种，其中鱼类物种占76%，拥有10余处专门从事苗种生产和增殖放流的国立水产种苗培育场。韩国通过网络竞标采购放流苗种，最低价中标，导致苗种质量低劣，影响了增殖放流效果。

3. 美国。美国增殖放流的主要目的是实现游钓渔业的种群数量平衡。19世纪中期，开始建立鱼类孵化场，并开展加拿大红点鲑移植孵化试验。为改善海洋环境、保持生态平衡，20世纪50年代末，美国制订"巨藻场改进计划"，大力营造海底森林，收到良好效果。目前美国增殖放流物种主要包括鲑鳟鱼、牡蛎、美洲龙虾和巨藻等，其中鲑鳟鱼效果最显著，调查表明捕捞的鲑鳟鱼90%以上为放流群体。

美国1992年投入增殖放流资金多达1 300万美元，而美国当年的资源管理、栖息地修复和物种保护费用仅180万美元。目前，已建立100个国立孵化场，各州还建立了州立孵化场，如仅华盛顿州的鲑鳟鱼孵化场就达91个。相关法律法规较为完善，主要包括《鱼类和野生生物条例》《鱼类和野生生物调整条例》《美国野生生物管理条例》《珍贵稀有生物品种保护条例》《濒临绝种生物条例》等。

美国增殖放流存在外来种泛滥的惨痛教训。为控制水草生长，美国20世纪 70 年代从我国引进了鲢、鳙、草鱼（统称亚洲鲤），但目前已泛滥成灾，一些河流中亚洲鲤已占鱼类总数量的 90% 以上，水域生态系统近乎崩溃，政府甚至"动用军队捕杀"。2014 年，奥巴马政府宣布斥资 180 亿美元，计划用 25 年时间建坝防止亚洲鲤入侵五大湖。

4. 俄罗斯。 1930 年，苏联开展鲟增殖放流。俄罗斯增殖放流物种较少，不到 10 种，主要包括鳇、鲟、闪光鲟、裸腹鲟等，年度增殖放流数量在 1 亿尾左右。通过持续增殖放流，严重衰退的里海鲟得到初步恢复，放流后产量增加了 1.5 倍；细鳞鲑回归率达 2.3%～5.8%，综合投入产出比高达 1∶10。

5. 澳大利亚。 澳大利亚于 20 世纪初开始增殖放流，主要增殖放流适合游钓的鲑科鱼类及蝴蝶鱼、雀鲷、狮子鱼等观赏性较高的物种，主要目的是发展休闲渔业。相关管理机制和法律体系较为完善，农业与水利部负责制定渔业产业政策，环境与能源部负责渔业生态评估与管理，设立增殖资源定期评估制度。中央颁布的相关法律主要有《渔业法》《渔业修正法》《托雷斯海峡渔业法》《渔业管理法》等。

6. 其他国家。 西欧、北欧部分国家曾开展过鲑鳟鱼等物种增殖放流，如瑞典向波罗的海增殖放流鲑鱼存活率达 10%；1990—1997 年挪威实施海洋牧场发展计划，主要增殖放流大西洋鲑、大西洋鳕、红点鲑和欧洲龙虾。阿拉伯联合酋长国、巴林、伊朗、秘鲁、印度尼西亚等发展中国家增殖放流由政府主导，具体由科研院所或育苗单位实施。

三、国外增殖史的启示

国外增殖放流对我们主要有 6 点启示：

1. 坚持遵循生物生态安全发展观。 增殖放流属于生态工程范畴，是把双刃剑，必须始终把生物生态安全放在首位。实践证明，增殖放流遵循生物规律，则事半功倍，否则事倍功半，甚至危害生物生态安全。美国"亚洲鲤"等外来种增殖放流的教训非常深刻，增殖放流应统筹发展与安全，更加注重种质安全、生态安全与风险防控，确保始终沿着科学轨道发展，发挥其正面作用。

2. 坚持经济型和生态型放流相结合。 国外百余年增殖放流史表明，实现资源恢复的增殖（资源造成型）比较困难，但"一代回收型（即可当年放当年回捕利用的生长迅速的经济物种）"是完全可行的。产生这样结果的原因，除增殖放流技术和策略本身的问题外，主要是由生态系统的复杂性和多重压力影响下的不确定性所致。故经济型物种宜快放快收，生态型物种要注重种群恢复。

3. 坚持构建完备的法规制度体系。 法律法规制度具有打基础、管长远的作用。日本、美国、澳大利亚等国家相对完善的增殖放流法律制度，确保了增殖放流事业行稳致远，为我国加快建立水生生物增殖放流和资源养护法律法规体系提供了有益借鉴。

4. 坚持建立稳定的苗种供应体系。 对增殖放流而言，稳定的优质苗种供应是活水源头，否则增殖放流就是无源之水、无本之木。国外实践表明，增殖放流苗种必须依托专业化大型苗种培育基地高质量培育。日本的栽培渔业中心、韩国的国营水产种苗培育场、美国的国立州立孵化场等经验做法，与山东省的渔业增殖站异曲同工，是确保增殖放流效果的根本前提。

5. 坚持增殖放流必须紧紧依靠科技。 现代增殖放流是一个新生事物，仍有许多未知因素亟待研究探索，必须紧紧依靠科技力量的推动才能更好发展。日本增殖放流事业之所以能够取得显著成效与其系统化、长周期的基础性研究密不可分，如部分增殖放流物种持续跟踪、监测，评价时间长达40多年，并根据研究结果及时优化调整增殖对策。

6. 坚持构建全民参与的大放流格局。 增殖放流是事关水域生态文明建设的系统工程，仅靠行业自身难以做大做强，必须有渔业主管部门、财政部门、科技部门、海洋部门、生态环境部门、水利部门、司法部门以及相关行业协会等密切协作，社会各界广泛参与支持，各类养护措施有机结合，才能真正做细做实、做大做强。

第二节　国内水生生物增殖放流发展概况

一、发展历程

我国是水生生物增殖放流大国。根据投入规模、发展速度、规范程度等因素，国内增殖放流发展过程大致可分为起步发展阶段、快速发展阶段、完善规范阶段等3个阶段。

1. 起步发展阶段。 我国广义上增殖放流历史悠久，早在10世纪末，就有从长江捕捞青鱼（*Mylopharyngodon piceus*）、草鱼（*Ctenopharyngodon idella*）、鲢（*Hypophthalmichthys molitrix*）、鳙（*Hypophthalmichthys nobilis*）四大家鱼野生种苗放流湖泊生长的文字记载，但现代意义上的增殖放流始于 20世纪 50 年代末"四大家鱼"人工繁育成功后。1956 年，黑龙江水产研究所在乌苏里江建立第一个大麻哈鱼放流试验场并开始放流大麻哈鱼，拉开了内陆水域规模化增殖放流活动的序幕。20 世纪 80 年代初，随着中国对虾工厂化育苗技术的成功，山东、辽宁等沿海省先后启动中国对虾生产性增殖放流，拉开了沿海规模化增殖放流活动的序幕。1986 年，《中华人民共和国渔业法》颁布，首次把渔业资源增殖纳入法律调节范畴。

2. 快速发展阶段。2006 年，国务院印发《中国水生生物资源养护行动纲要》，将增殖放流作为一项资源养护重要举措纳入中长期规划，增殖放流活动在全国范围内蓬勃开展起来。2008 年，党的十七届三中全会决议明确提出："加强水生生物资源养护，加大增殖放流力度"，首次将增殖放流写入党的全会决议；同年山东省出台全国首个省级增殖放流政府规章《山东省渔业养殖与增殖管理办法》。2009 年，农业部颁布部门规章《水生生物增殖放流管理规定》，中央财政开始安排转产转业和渔业资源保护专项资金开展增殖放流。2010 年，农业部印发全国首个增殖放流专项规划《全国水生生物增殖放流总体规划（2011—2015 年）》，出台全国首个增殖放流行业标准《水生生物增殖放流技术规程》（SC/T 9401—2010），全国增殖放流总数量由 2007 年的 194 亿单位迅速提升至 300 亿单位，总投入由 2007 年的 2 亿元快速攀升至10 亿元。

3. 完善规范阶段。党的十八大首次将生态文明建设纳入"五位一体"总体布局，增殖放流事业迎来了新的发展机遇，规范化管理不断完善。2013 年，国务院印发《关于促进海洋渔业持续健康发展的若干意见》（国发〔2013〕11号），提出要"加大渔业资源增殖放流力度"。2014 年，农业部办公厅印发《关于进一步加强水生生物经济物种增殖放流苗种管理的通知》（农办渔〔2014〕55 号）。2015 年，中共中央、国务院印发的《关于加快推进生态文明建设的意见》中明确要求"加强水生生物保护，开展重要水域增殖放流活动"。2016 年，农业部印发《关于做好"十三五"水生生物增殖放流工作的指导意见》（农渔发〔2016〕11 号）。2017 年，农业部发布"农业绿色发展五大行动"，明确提出"积极推进海洋牧场建设，增殖养护渔业资源"。同年，农业部办公厅印发《关于进一步规范水生生物增殖放流工作的通知》（农办渔〔2017〕49 号），年度全国放流数量首次突破 400 亿单位。2018 年，农业部办公厅印发

《关于实施水生生物增殖放流供苗单位违规通报制度的通知》(农办渔〔2018〕36号)。2019年，为落实习近平总书记关于"海洋牧场是发展趋势，山东可以搞试点"重要指示精神，山东省在全国率先启动现代化海洋牧场建设综合试点，将增殖放流作为一项重要内容系统谋划推进。2022年，农业农村部印发《关于做好"十四五"水生生物增殖放流工作的指导意见》(农渔发〔2022〕1号)，要求"十四五"增殖放流坚持数量与质量并重、规模与效益兼顾，并将年度全国增殖放流数量由"十三五"末的400亿单位调整为"十四五"的300亿单位，引导增殖放流由数量扩张型向科学、规范、高质方向开展。

近年来，我国增殖放流活动已由20世纪区域性、小范围的局部行动发展到全国性、大规模的水生生物资源养护行动，初步形成了政府主导、社会各界支持、群众参与的良好社会氛围，已成为世界上资金投入和放流规模最大，社会支持度、参与度最广泛，放流效果最显著的国家之一，树立了负责任生物养护大国的形象。据不完全统计，仅"十三五"期间，全国就投入资金50余亿元，增殖放流200余种水生生物，共计投放苗种1 900多亿单位，放流区域遍及我国重要江河、湖泊、水库和近海海域。2021年，全国投入增殖放流资金约11.3亿元，增殖放流各类水生生物苗种约440亿单位，数量创历史新高。十年来我国水生生物增殖放流数量见图1-1。

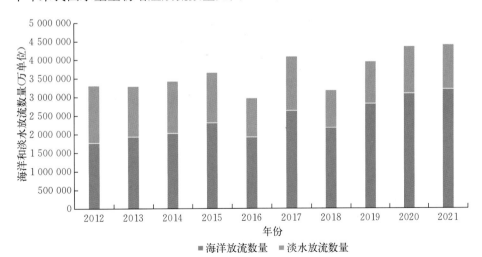

图1-1 十年来我国水生生物增殖放流数量（2012—2021年）
数据来源：全国水产技术推广总站。

二、总体情况

1. 内陆水域增殖放流。 内陆水域放流物种以四大家鱼为主，同时兼顾当地特有物种，近年来以淡水鱼放流为主要内容的大水面生态渔业发挥了以渔控草、以渔抑藻的作用，成为大水面生态治理和综合利用的普遍做法。2021年，全国内陆水域增殖放流种类共142种，计120.2亿单位，主要包括鱼类130种，计112.40亿尾，约占年度内陆水域增殖放流总数量的93.51%；虾蟹类2种，计7.59亿单位，约占6.31%；贝类3种，计919.36万粒。2021年全国内陆水域增殖放流数量组成见图1-2。

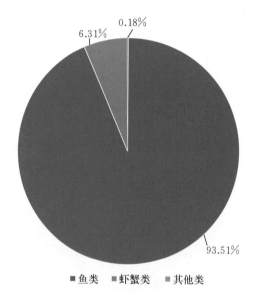

图1-2　2021年全国内陆水域增殖放流数量组成

2. 沿海水域增殖放流。 沿海规模化增殖放流活动始于20世纪80年代初。1981—1983年，山东省分别在莱州湾、乳山湾进行中国对虾（*Fenneropenaeus chinensis*）增殖放流试验；1982—1984年，浙江省在象山港进行中国对虾增殖放流试验；1984年，辽宁省在海洋岛开展中国对虾放流试验。在初步试验成功的基础上，1984—1986年，山东省在半岛南部沿海相继开展中国对虾规模化增殖放流开发试验。1987年开始，基于渔民增收和出口换汇，中国对虾增殖放流被纳入生产性增殖任务。1992年，全国对虾白斑综合征暴发，沿海增殖放流严重受挫，之后的十多年间，除山东、辽宁坚持小规模放流探索外，其他沿海省基本停止了规模化增殖放流。2006 年，国务院印发《中国水生生物资源养护行动纲要》后，沿海放流重新兴起。党的十八大以来，渔业增殖放流成为水域生态文明建设的一项重要内容。2021 年，全国海洋增殖放流种类 78 种，共计增殖放流苗种 320.45 亿单位，主要包括中国对虾、日本对虾（*Penaeus japonicus*）、三疣梭子蟹（*Portunus trituberculatus*）等虾蟹类 9 种，计 262.98 亿单位，约占年度海洋增殖放流总数量的 82.08%；中国蛤蜊（*Mactra chinensis*）、文蛤（*Meretrix meretrix*）、菲律宾蛤仔（*Ruditapes philippinarum*）等贝类 22 种，计 26.83 亿粒，约占 8.37%；褐牙鲆（*Paralichthys olivaceus*）、大黄鱼（*Larimichthys crocea*）、真鲷（*Pagrus major*）、许氏平鲉（*Sebastes schlegeli*）等鱼类 42 种，计 6.42 亿尾，约占 2%；棘皮动物 1 种计 23.01 亿头，约占 7.18%；金乌贼（*Sepiae sculenta*）、曼氏无针乌贼（*Sepiella japonica*）、短蛸（*Octopus ocellatus*）等头足类 3 种，计 1.17 亿头，约占 0.37%，2021 年全国沿海增殖放流数量组成见图 1-3。

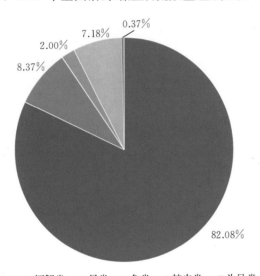

图 1-3 2021 年全国沿海增殖放流数量组成

三、增殖放流效果

我国持续 60 余年开展增殖放流，取得了显著的生态效益、经济效益和社会效益。

1. 有效补充了部分渔业种群个体数量，维护了生物多样性。我国近海部分严重衰退的重要渔业资源得到了有效补充，中国对虾、三疣梭子蟹等大宗增殖放流物种形成了较为稳定的秋季渔汛，如黄渤海特有种群中国对虾在20世纪末21世纪初一度无法形成渔汛，经环渤海三省一市持续增殖放流，中国对虾渔汛重现；闽浙部分海域重现一定规模的大黄鱼群体；长江口中华绒螯蟹（Eriocheir sinensis）天然蟹苗产量由原来的每年不足1吨恢复到历史最高水平50多吨，黄浦江中也出现大量中华绒螯蟹；图们江、鸭绿江等水域大麻哈鱼明显恢复，稳固了我国大麻哈鱼"鱼源国"地位；新疆博斯腾湖的扁吻鱼（Aspiorhynchus laticeps）在20世纪末基本绝迹，现在连续多年回捕到放流个体，湖中重新形成扁吻鱼自然繁殖群体；青海湖裸鲤（Gymnocypris przewalskii）资源蕴藏量已达10万吨，比放流前增长近39倍，据专家测算，增殖放流对青海湖裸鲤资源恢复贡献率达25%；近年来安徽黄山市沿黄山周边峡谷溪流中均能发现大鲵（Andrias davidianus），大鲵自然种群数量得到初步恢复；多鳞白甲鱼（Scaphesthes macrolepis）经过多年持续增殖放流，资源量也明显增加。

2. 有效改善了水域生态环境。 山东大力实施"放鱼养水"工程，开展"测水配方"试验，构建了以渔抑藻、以渔控草、以渔控外来有害贝类及水生动植物和微生物耦合调控水质等四个水生态养护模式；浙江千岛湖等大水面生态渔业以渔养水、以渔净水效果显著，千岛湖保水渔业成为中央党校教学典型案例。试验表明，鲢、鳙等滤食性鱼类可转化水中氨氮，抑制水体富营养化和控制蓝藻暴发，已引起越来越多地方、专家的重视和中央领导同志的关注。

3. 促进了渔民增收渔业增效。 据统计测算，2005—2021年，山东省累计回捕中国对虾、日本对虾、三疣梭子蟹、海蜇（Rhopilema esculentum）等增殖资源产量约76万吨，实现产值约238亿元，投入产出比达1∶17；2020年，辽东湾中国对虾回捕产量为678吨，实现产值2亿元，回捕率为1.3%，投入产出比达1∶11；浙江省内陆水域增殖放流资源贡献率在50%以上，主要物种投入产出比为1∶8。此外，增殖放流还直接带动了水产苗种培育、水产品加工贸易、休闲海钓等相关行业的发展，促进了渔区和谐稳定。

4. 增强了社会各界资源环境保护意识。 每年的6月6日全国"放鱼日"约定俗成，截至2021年已连续举办8届，其中临沂沂河放鱼节、烟台海洋放鱼节、济宁放鱼节等享誉全国。"十三五"期间，全国各地共举办各类增殖放流活动2万次以上，累计500多万人次参与，广大渔民群众、在校学生、热心市民、宗教人士等社会各界纷纷加入，增殖放流已成为群众性生态文明建设活动。

第二章
山东省水生生物增殖放流发展概况

　　根据投资主体、增殖目的、受益对象等不同，山东省水生生物增殖放流可划分为公益性增殖放流、群众性底播增殖、社会性放流放生等三种类型。其中，公益性增殖放流指利用财政资金实施公共投苗、公共管理，达到增加公共资源，实现公共受益目的的增殖放流活动；群众性底播增殖是指企事业单位或个人自行投资，在其确权浅海、滩涂海域有计划地底播增殖贝类、海珍品等的生产性经营活动；社会性放流放生是指社会各界开展的以养护水生生物资源、改善水域生态环境为主要目的的增殖放流活动。

第一节　公益性增殖放流

　　据不完全统计，1984—2021年，全省共投入资金30.13亿元，累计公益增殖放流各类水生生物苗种975.09亿单位，秋汛回捕海洋增殖资源产量约76.14万吨，实现产值约237.69亿元。其中，投入海洋增殖放流资金26.43亿元，约占总投入的87.72%，增殖放流各类海洋水生生物苗种956.00亿单位，约占总数量的98.04%；投入淡水增殖放流资金3.70亿元，约占总投入的12.28%，增殖放流各类淡水水生生物苗种19.09亿单位，约占总数量的1.96%，见图2-1、表2-1。

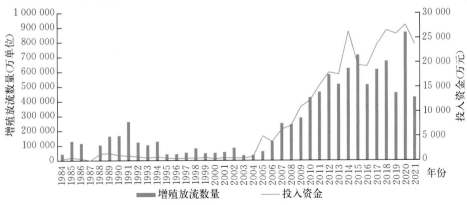

图2-1　山东省公益性增殖放流数量与投入资金情况（1984—2021年）

表 2－1　山东省海洋、淡水公益性增殖放流基本情况对比（1984—2021 年）

增殖水域	主要实施年份	投入资金 （亿元）	增殖放流数量 （亿单位）	回捕产量 （万吨）	实现产值 （亿元）
海洋	1984—2021	26.43	956.00	76.14	237.69
淡水	2005—2021	3.70	19.09	—	—
合计	—	30.13	975.09	76.14	237.69

注：淡水增殖放流主要侧重生态效益，回捕生产情况未统计。

一、发展历程

综合考虑政策背景、增殖理念、资金来源及投入、管理机制、规模效益等因素，山东省 40 年公益性增殖放流发展过程可划分为 4 个发展阶段，即试验起步阶段（1981—1993 年）、多物种放流探索阶段（1994—2004 年）、渔业资源修复行动阶段（2005—2014 年）和政策调整阶段（2015—今），基本上是 10 年左右 1 个阶段。4 个发展阶段基本情况见表 2－2、图 2－2 至图 2－5。

表 2－2　山东省公益性增殖放流 4 个发展阶段基本情况对比（1981—2021 年）

发展历程	增殖放流 数量 （亿单位）	投入资金 （亿元）	回捕产量 （万吨）	实现产值 （亿元）	直接投入 产出比	阶段特点
试验起步阶段 （1981—1993 年）	122.31	0.74	2.30	5.47	1∶7.4	物种单一，放流物种主要是中国对虾，主要目的是出口创汇、促进渔民增产增收
多物种放流探索阶段（1994—2004 年）	67.12	0.61	10.02	18.25	1∶29.9	投入少、放流规模小、发展慢，但开展了放流物种多样化探索
渔业资源修复行动阶段（2005—2014 年）	358.75	12.23	44.28	141.80	1∶11.6	投入、规模快速攀升，逐步走上了法治化、科学化、规范化、生态化的快速发展轨道，生态效益、经济效益和社会效益显著
政策调整阶段（2015—2021 年）	426.91	16.55	19.54	72.17	1∶4.4	投入、规模保持高位，生态理念提升，增殖放流全部下放到县级实施，但增殖效益下降，投入产出比降低，高质量发展遭受严峻挑战
合计	975.09	30.13	76.14	237.69	1∶7.9	

注：①不含刺参大耳幼体数量，不含原黄渤海区渔业分局（黄渤海渔业指挥部）在山东渤海增殖放流数量；②乌贼笼、附着基增殖数量折算成金乌贼受精卵数量。

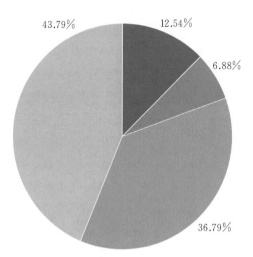

12.54%

6.88%

43.79%

36.79%

■ 试验起步阶段(1981—1993年)
■ 多物种放流探索阶段(1994—2004年)
■ 渔业资源修复行动阶段(2005—2014年)
■ 政策调整阶段(2015—2021年)

图 2-2 山东省公益性增殖放流 4 个发展阶段
增殖放流数量对比（1981—2021 年）

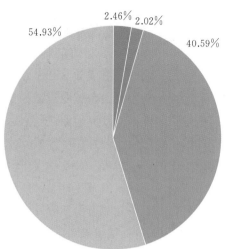

2.46% 2.02%

40.59%

54.93%

■ 试验起步阶段(1981—1993年)
■ 多物种放流探索阶段(1994—2004年)
■ 渔业资源修复行动阶段(2005—2014年)
■ 政策调整阶段(2015—2021年)

图 2-3 山东省公益性增殖放流 4 个发展阶段
增殖放流投入对比（1981—2021 年）

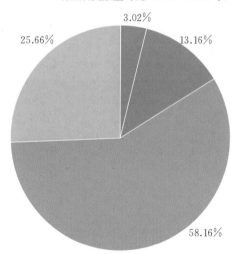

3.02%

13.16%

25.66%

58.16%

■ 试验起步阶段(1981—1993年)
■ 多物种放流探索阶段(1994—2004年)
■ 渔业资源修复行动阶段(2005—2014年)
■ 政策调整阶段(2015—2021年)

图 2-4 山东省公益性增殖放流 4 个发展阶段
增殖放流回捕产量对比（1981—2021 年）

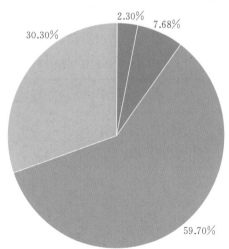

2.30% 7.68%

30.30%

59.70%

■ 试验起步阶段(1981—1993年)
■ 多物种放流探索阶段(1994—2004年)
■ 渔业资源修复行动阶段(2005—2014年)
■ 政策调整阶段(2015—2021年)

图 2-5 山东省公益性增殖放流 4 个发展阶段
增殖放流回捕产值对比（1981—2021 年）

1. **试验起步阶段**（1981—1993 年）。1981—1983 年，山东省先后在莱州湾潍河口、乳山湾等海域开展中国对虾增殖放流试验；在初步试验成功的基础上，1984—1986 年，在山东半岛南部沿海开展大规模生产性中国对虾增殖放流试验，并取得显著成效。1987 年，省水产局将增殖放流正式纳入近海捕捞生产管理范畴，由山东省海洋捕捞生产管理站负责全省增殖业务专业化管理，但由于当时中国对虾养殖业蓬勃兴起，中国对虾苗种供不应求，为优先保障水产养殖，增殖放流苗种供应经常吃水产养殖的"剩饭"，当年因苗种短缺，全省增殖放流被迫暂停一年。为从根本上解决增殖放流苗种供应保障问题，从1987 年下半年起，山东省开始利用增殖资源保护费和柴油加价借资增殖费作为周转金，着手在黄海沿岸分期分批建立海洋水产资源增殖站，至 1990 年底全省共建成 23 处增殖站，这也为后期建立基于渔业增殖站的定点供苗制度积累了宝贵实践经验。1984—1993 年，全省共投入资金约 7 359.99 万元，累计增殖放流平均体长 30 毫米的中国对虾苗种 122.31 亿尾，秋汛回捕产量 2.3 万吨，实现产值 5.47 亿元（出口换汇近 1 亿美元），分别占全省 40 年放流总投入、总数量、回捕总产量、回捕总产值的 2.44%、12.54%、3.02%、2.30%，直接投入产出比为 1：7.4，详见表 2 - 3。本阶段主要特点：增殖放流物种较单一，主要是增殖放流体长 30 毫米以上的大规格中国对虾；增殖放流目的也很明确，主要是增加出口创汇、促进渔民增产增收。

表 2 - 3　山东省公益性增殖放流试验起步阶段基本情况（1984—1993 年）

年　份	增殖放流数量 （万单位）	投入资金 （万元）	回捕产量 （吨）	实现产值 （万元）
1984	44 468	273.01	1 200	1 920
1985	131 139	569.76	2 500	4 000
1986	116 911.9	344.23	1 500	2 400
1987	0	0	397	624
1988	105 334.77	1 381.26	2 023	7 080
1989	165 321.28	1 466.31	1 600	4 800
1990	168 301.3	1 049.7	2 500	9 000
1991	263 044.25	949.38	4 192	8 154
1992	123 473	782.47	4 334	11 148
1993	105 128.01	543.87	2 729	5 558
合计	1 223 121.51	7 359.99	22 975	54 684
年均	122 312.15	736.00	2 297.5	5 468.4

注：不含原黄渤海区渔业分局（黄渤海渔业指挥部）在山东渤海增殖放流数量。

增殖放流初期，渤海增殖放流由原黄海区渔政分局（黄海区渔业指挥部）负责；黄海增殖放流 1987 年之前由山东省渔政渔港管理处负责。为加强对增殖放流工作的组织领导，1987 年成立了"山东省海洋水产资源增殖管理委员会"，前期由山东省水产局主要负责同志任主任，该委员会主要负责制定全省增殖工作方针、政策及年度增殖计划，并监督实施，其办事机构设在山东省海洋捕捞生产管理站，委员会每年召开两次专题会议，并形成会议纪要；为强化对增殖放流的技术指导，1988 年成立了"山东省海洋水产资源增殖技术咨询组"，主要负责苗种暂养、放流技术支撑、增殖资源跟踪监测、渔场分析及回捕生产指导等工作。在实施好中国对虾增殖放流的同时，1990 年后，山东省还开展了日本对虾、金乌贼、海蜇、皱纹盘鲍（*Haliotis discus*）、魁蚶（*Scapharca broughtonii*）、真鲷等近 10 个物种放流试验，积累了一定实践经验。

2. 多物种放流探索阶段（1994—2004 年）。1993 年，全国养殖对虾白斑综合征病毒病大范围暴发，中国对虾增养殖业受到严重冲击，增殖放流效益急剧下滑。翌年，山东省开始寻求增殖放流替代物种，相继开展了日本对虾、海蜇、金乌贼等多物种放流探索，取得了较好替代效果。但因渔业资源增殖费收入逐年减少，投入增殖放流资金相应大幅减少，由 1992 年近 800 万元降至 2004 年的 300 万元，增殖放流进入持续 10 年的低谷徘徊期。1994—2004 年，全省共投入资金约 6 061.54 万元，累计增殖放流各类水生生物苗种 67.12 亿单位，秋汛回捕产量 10.02 万吨，实现产值 18.25 亿元，分别占全省 40 年放流总投入、总数量、回捕总产量、回捕总产值的 2.02%、6.88%、13.16%、7.68%，直接投入产出比为 1∶1∶29.9，详见表 2-2 及表 2-4。

表 2-4　山东省公益性增殖放流多物种探索阶段基本情况（1994—2004 年）

年　份	增殖放流数量 （万单位）	投入资金 （万元）	回捕产量 （吨）	实现产值 （万元）
1994	129 304.11	720	6 168	18 416
1995	43 525.01	550.00	5 116	8 028
1996	43 846.6	391.13	5 833	4 227
1997	53 294.3	512.02	5 595	13 390
1998	82 549.12	499.00	7 787	14 285
1999	49 723.71	601.71	22 102	23 736

年　份	增殖放流数量 （万单位）	投入资金 （万元）	回捕产量 （吨）	实现产值 （万元）
2000	51 940.2	400.00	5 339	17 226
2001	57 738.2	558.07	7 345	21 660
2002	85 770.2	520.42	4 956	9 897
2003	35 850	533.48	21 190	36 648
2004	37 708	775.71	8 745	14 975
合计	671 249.45	6 061.54	100 176	182 488
年均	61 022.68	551.05	9 106.91	16 589.82

本阶段的主要特点：增殖放流投入少、规模小、发展速度慢，但进行了放流物种多样化及技术革新等探索。①开展了多个物种增殖放流试验。特别是因增殖放流效果不佳，1999 年半岛北部近海暂停中国对虾放流后，相继组织开展了日本对虾、三疣梭子蟹、海蜇、钝吻黄盖鲽（Pseudopleuronectes yokohamae）、日本鲟（Charybdis japonica）、褐牙鲆、许氏平鲉、文蛤、菲律宾蛤仔、魁蚶、毛蚶（Scapharca subcrenata）、刺参（Apostichopus japonicus）、皱纹盘鲍、单环刺螠（Urechis unicinctus）等近 20 个物种增殖试验，这为后续开展多物种增殖放流积累了一定技术储备。但由于摊子铺得太大，相关研究精细化程度较差。②创新增殖放流管理工作，进一步提高了工作效率。例如，为避开中国对虾发病期，降低了中国对虾幼虾的放流规格，由体长 30 毫米以上调整为 25 毫米以上；为减轻全部干称验收对中国对虾的机械损伤，1997 年创新实施评估与干称相结合的方法，较之前的全部干称法节省了大量人力、物力、财力，大幅提升了大规格中国对虾评估效率及苗种入海成活率。③开始推行规范化放流。从 1998 年开始，先后出台了《山东省海洋水产资源增殖放流管理暂行规定》《全省海洋水产资源增殖工作规范》《山东省黄海中国对虾增殖管理暂行办法》《山东省海洋水产资源增殖先进集体及先进个人评选奖励暂行办法》等多个规范性文件；2004 年，出台全国首个增殖放流技术规范《日本对虾放流增殖技术规范》，填补了国内增殖放流标准空白。④强化龙头示范引领。2001—2003 年，山东省海洋捕捞生产管理站投资 400 多万元，在乳山市海阳所镇小泓村沿海建成山东首个渔业资源增殖技术实验基地（原山东海渔水产良种引进开发中心，2017 年更名为山东海渔海洋生物科技有限公司），该基地主要承担增殖示范、科研攻关、良种引进等工作，相继开展了金

乌贼全人工育苗、塔岛湾海蜇放流试验以及中国对虾、日本对虾、三疣梭子蟹、魁蚶、黑鲷（*Acanthopagrus schlegelii*）等苗种培育，为增殖放流示范引领做了大量技术储备。

3. 渔业资源修复行动阶段（2005—2014 年）。2000 年《中华人民共和国和日本渔业协定》、2001 年《中韩渔业协定》相继生效实施，山东省传统作业渔场被压缩 1/3，近海捕捞渔民生产压力骤增。2005 年，在生态省建设的大背景下，作为全省生物修复工程的重要内容，经省政府批准，山东省启动实施以增殖放流、人工鱼礁建设等为主要内容的"山东省渔业资源修复行动计划"，首次将修复资金纳入年度省级财政预算，制定了《山东省渔业资源修复行动规划（2005—2015)》《山东省渔业资源修复行动渔业资源增殖项目管理办法》《山东省渔业资源修复行动计划专项资金管理办法》等配套管理制度，在全国率先对渔业资源进行多物种、大规模修复。有了资金保障和制度规范，山东省增殖放流事业开始快速提升。由于修复成效显著，"实施渔业资源修复和渔港建设工程"被省委、省政府确定为"为农民办十件实事"之一。2007 年，出台《山东省渔业资源修复行动增殖站管理暂行办法》，正式确定增殖站定点供苗制度，并对增殖站实行每 3 年调整 1 次的动态化管理，保持供苗体系活力。2008 年，出台全国首个有关渔业增殖的省政府规章《山东省渔业养殖与增殖管理办法》。2010 年，负责起草的全国首个增殖行业标准《水生生物增殖放流技术规程》发布实施，引领了全国标准化放流工作。2005—2014 年，全省共投入资金 12.2 亿元，累计增殖放流各类水生生物苗种 358.75 亿单位，秋汛回捕产量 44.28 万吨，实现产值 141.80 亿元，分别占全省 40 年放流总投入、总数量、回捕总产量、回捕总产值的 40.49%、36.79%、58.16%、59.66%，综合直接投入产出比为 1∶11.6，详见表 2-5。本阶段主要特点：增殖放流物种数量、资金投入、放流规模快速攀升，增殖放流综合效益显著，社会影响广泛，增殖放流逐步走上了法治化、科学化、规范化、标准化的发展轨道，增殖放流理念也由单纯追求经济效益向综合性生态效益、经济效益、社会效益全面转变。

表 2-5　山东省公益性增殖放流渔业资源修复行动阶段基本情况（2005—2014 年）

年　份	增殖放流数量（万单位）	投入资金（万元）	回捕产量（吨）	实现产值（万元）
2005	61 414.92	4 956	7 670	34 264
2006	129 550	3 827	26 302	59 182

年　份	增殖放流数量 （万单位）	投入资金 （万元）	回捕产量 （吨）	实现产值 （万元）
2007	251 232.7	6 325.04	40 437	136 447
2008	243 792	7 081.5	48 352	121 690
2009	288 421	10 886	56 900	140 200
2010	427 347	12 283	49 519	167 601
2011	463 845	15 258	42 109	184 652
2012	582 137.4	17 899	41 376	199 190
2013	516 096.4	17 519	78 174	211 736
2014	623 630	26 235	52 000	163 000
合计	3 587 466.42	122 269.54	442 839	1 417 962
年均	358 746.642	12 226.954	44 283.9	141 796.2

4. 政策调整阶段（2015年至今）。2015年以来，在水域生态文明建设指引下，山东省启动"海上粮仓"建设发展战略，结合人工鱼礁建设、休闲海钓产业发展，大力开展恋礁性鱼类定向增殖放流，2019年又启动现代化海洋牧场综合试点，探索适宜不同海域特点的渔业增殖放流物种结构和规模。本阶段全省增殖放流投入、规模仍保持高位运行，但先后经历简政放权、资金转移支付、涉农资金统筹整合等政策调整，增殖放流业务全部下放到县级渔业主管部门，增殖放流事业持续高效稳定发展遭遇瓶颈，主要表现在：供苗制度由增殖站定点供苗改为政府采购苗种，因年度财政资金落实较晚、招标程序复杂冗长等，放流苗种难以按时令科学投放；苗种采购简单以最低价中标，忽视了中标单位苗种培育技术水平和育苗能力，苗种质量难以保障；增殖放流由专业机构实施、项目化管理改为县级渔业主管部门实施、行政化管理，因县级专业人员较少、技术力量薄弱、业务经费不足等，增殖放流实施和监管能力明显弱化，增殖放流效果大幅下滑，直接投入产出比仅为1∶4.4。面对诸多不利因素，山东省一方面想方设法破解，比如开展涉农资金统筹整合对山东省增殖放流高质量发展的专题调研、争取增殖放流项目跨年度实施、力争恢复设立增殖放流专项资金等；另一方面继续加大和创新宣传工作，积极争取社会资金，全力打造全民参与的"大放流"格局。2015—2021年，全省共投入资金16.55亿元，累计增殖放流各类水生生物苗种426.9亿尾，秋汛回捕产量19.54万吨，实现产值72.17亿元，分别占全省40年放流总投入、总数量、回捕总产量、回捕

总产值的 54.93％、43.78％、25.66％、30.36％，详见表 2−6。

表 2−6　山东省公益性增殖放流政策调整阶段基本情况（2015—2021 年）

年　份	增殖放流数量 （万单位）	投入资金 （万元）	回捕产量 （吨）	实现产值 （万元）
2015	713 355	19 367.5	25 247	163 145.7
2016	512 700	19 173.5	21 929	70 742
2017	615 737	23 514.13	31 587.2	95 899
2018	672 432	26 476	34 979.94	101 032.23
2019	457 802.54	25 770	28 063.46	88 857.7
2020	868 469.56	27 579.3	33 309	73 421
2021	428 593.22	23 600	20 266.1	128 557.8
合计	4 269 089.32	165 480.43	195 381.7	721 655.43
年均	609 869.90	23 640.06	27 911.67	103 093.63

二、基本情况

早期，山东省公益性增殖放流物种主要是中国对虾，20 世纪 90 年代之后逐渐开始增殖放流其他物种，40 年来全省累计公益性增殖放流物种数量多达 65 种，其中鱼类 26 种，主要包括许氏平鲉、黑鲷、大泷六线鱼（Hexagrammos otakii）、斑石鲷（Oplegnathus punctatus）、条石鲷（Oplegnathus fasciatus）、真鲷、黄姑鱼（Nibea albiflora）、半滑舌鳎（Cynoglossus semilaevis）、褐牙鲆、圆斑星鲽（Verasper variegatus）、钝吻黄盖鲽（Pseudopleuronectes yokohamae）、绿鳍马面鲀（Thamnaconus modestus）、黄条鰤（Seriola quingueradiata）、鲛（Liza haematocheila）、花鲈（Lateolabrax maculatus）、星突江鲽（Platichthys stellatus）以及鲢、鳙、青鱼、草鱼、鲤（Cyprinus carpio）、鲂（Megalobrama skolkovii）、鳜（Siniperca chuatsi）、乌鳢（Channa argus）、翘嘴鲌（Culter alburnus）、大银鱼（Protosalanx hyalocranius）等；甲壳类 8 种，主要包括中国对虾、日本对虾、三疣梭子蟹、日本蟳、解放眉足蟹（Blepharipoda liberate）、中华虎头蟹（Orithyia sinica）、中华绒螯蟹及日本沼虾（Macrobranchium nipponense）；头足类 5 种，主要包括金乌贼、曼氏无针乌贼（Sepiella japonica）、短蛸、长蛸（Octopus minor）、莱氏拟乌贼（Sepioteuthis lessoniana）；贝类 16 种，主要包括魁蚶、毛

蚶、文蛤、青蛤（*Cyclina sinensis*）、菲律宾蛤仔、大竹蛏（*Solen grandis*）、西施舌（*Coelomactra antiquata*）、缢蛏（*Sinonovacula constricta*）、虾夷扇贝（*Patinopecten yessoensis*）、四角蛤蜊（*Mactra veneriformis*）、小刀蛏（*Cultellus attenuatus*）、泥螺（*Bullacta exarata*）、紫彩血蛤（*Nuttallia olivacea*）、紫石房蛤（*Saxidomus purpuratus*）、皱纹盘鲍、鸟蛤；棘皮类2种，包括刺参、中间球海胆（*strongylocentrotus intermedius*）；水生植物2种，包括鳗草（*Zostera marina*）、铜藻（*Sargassum horneri*）；水生野生保护动物3种，包括松江鲈（*Trachidermus fasciatus*）、日本海马（*Hippocampus japonicus*）、多鳞白甲鱼，另有海蜇、单环刺螠、双齿围沙蚕（*Perinereis aibuhitensis*）等物种，详见表2-7。

表2-7　山东省公益性增殖放流物种基本情况（1984—2021年）

种类	增殖物种	主要功能定位	主要实施年份	投入资金（万元）	增殖放流数量（万单位）
鱼类（共26种）	褐牙鲆*	休闲海钓促进型	1996—2021	23 817.11	24 011.27
	许氏平鲉*	休闲海钓促进型	1995—2021	15 938.41	24 243.78
	黑鲷*	休闲海钓促进型	2010—2021	14 561.38	20 498.96
	半滑舌鳎*	渔业种群恢复型	2008—2021	13 868.92	6 683.74
	大泷六线鱼*	休闲海钓促进型	2014—2021	5 631.6	1 743.68
	钝吻黄盖鲽*	渔业种群修复型	2009—2021	3 486.69	3 031.64
	圆斑星鲽*	渔业种群修复型	2015—2021	1 721.48	538.37
	斑石鲷*	休闲海钓促进型	2014—2021	1 701	418.88
	黄姑鱼*	休闲海钓促进型	2017—2021	1 329.48	438.06
	鲅	—	1990—2015	1 254	3 861.89
	绿鳍马面鲀*	增殖试验储备型	2018—2021	492	151.52
	真鲷*	增殖试验储备型	1994、2012—2014、2017、2021	471	465.3
	条石鲷*	增殖试验储备型	2021	240	41.03
	花鲈		2001、2011、2017	60	38.1
	星突江鲽	渔业种群修复型	2016	60	60
	黄条鰤*	增殖试验储备型	2021	0	0
	海水小计	—		84 633.07	86 248.22
	鲢*、鳙*	生物生态净水型	2005—2021	—	139 361.8

种类	增殖物种	主要功能定位	主要实施年份	投入资金（万元）	增殖放流数量（万单位）
鱼类（共26种）	草鱼*	生物生态净水型	2006—2021	—	19 947.03
	鲤	—	2006—2020	—	17 199
	大银鱼	捕捞渔民增收型	1996、2008	—	3 200
	青鱼	生物生态净水型	2009、2016—2018	—	296
	鲂	—	2006—2009	—	125
	乌鳢	—	2010	—	120
	翘嘴鲌	—	2010、2017—2018	—	19
	鳜	—	2008	—	13
	淡水小计	—	—	33 666.3	180 280.83
	鱼类合计	—	—	118 299.37	266 528.95
甲壳类（共8种）	中国对虾*	捕捞渔民增收型	1984—2021	70 022.42	5 444 834.86
	三疣梭子蟹*	捕捞渔民增收型	1995—2021	38 108.09	467 391.19
	日本对虾*	捕捞渔民增收型	1996—2021	11 343.24	1 216 116.37
	中华绒螯蟹*	渔业种群修复型	2005—2021	3 944.02	10 870.3
	解放眉足蟹	渔业种群修复型	2012—2017	110	133.48
	中华虎头蟹	渔业种群修复型	2013	15.3	170
	日本蟳	渔业种群修复型	1999	5	20
	日本沼虾		2010	—	120
	小计	—	—	123 548.07	7 139 656.2
头足类（共5种）	金乌贼*	捕捞渔民增收型	1991—2021	5 033.36	193 626.84
	曼氏无针乌贼*	渔业种群修复型	2012—2015、2018—2021	424.5	393.86
	短蛸*	渔业种群修复型	2015—2021	218.26	133.28
	长蛸	渔业种群修复型	2014—2016	210	54.15
	莱氏拟乌贼	渔业种群修复型	2018	30	41.28
	小计			5 916.12	194 249.41
贝类（共16种）	魁蚶	渔业种群修复型	1992、2008—2017	4 137.03	280 554.6
	文蛤	捕捞渔民增收型	1995—2015	1 652	229 445.72
	菲律宾蛤仔	捕捞渔民增收型	2006—2012、2015	1 226.56	109 811.5
	大竹蛏	渔业种群修复型	2005—2014	1 077.5	31 310.28

种类	增殖物种	主要功能定位	主要实施年份	投入资金（万元）	增殖放流数量（万单位）
	青蛤	捕捞渔民增收型	2006—2014	938	88 936.94
	毛蚶	渔业种群修复型	1997—1998、2006、2012—2015	865.9	63 742.03
	缢蛏	捕捞渔民增收型	2006—2015、2020	632	34 049
	虾夷扇贝	捕捞渔民增收型	2000—2012	581	75 261.95
	西施舌	渔业种群修复型	2007—2014	482.75	5 669.75
贝类（共16种）	皱纹盘鲍	捕捞渔民增收型	1988、1996—2009	417	181.8
	泥螺	捕捞渔民增收型	2006	75	158.8
	紫彩血蛤	—	2015—2017	40	2 975.1
	紫石房蛤	—	1997	2	830
	四角蛤蜊	捕捞渔民增收型	2015	—	10 351.3
	小刀蛏	—	2015		6 001.8
	鸟蛤	—	1996—1997	—	1 670
	小计	—	—	12 126.74	940 950.57
刺胞动物（共1种）	海蜇*	捕捞渔民增收型	1994—2021	23 960.45	934 710.96
棘皮类（共2种）	刺参	捕捞渔民增收型	1995—2009	795	3 748.9
	中间球海胆	渔业种群恢复型	1999—2001	15	79.5
	小计	—	—	810	3 828.4
螠虫动物（共1种）	单环刺螠	渔业种群修复型	1995—1996、2014	109	1 229
环节动物（共1种）	双齿围沙蚕	渔业种群修复型	2015	—	2 662
水生植物（共2种）	鳗草*	渔业种群修复型	2017—2021	601.8	371.57
	铜藻	—	2017—2018	60	10.62
	小计	—	—	661.8	382.19
水生野生保护动物（共3种）	多鳞白甲鱼*	濒危物种拯救型	2010—2021	1 460	148.59
	松江鲈*	濒危物种拯救型	2010—2021	1 120	24.4
	日本海马*	濒危物种拯救型	2021	102.5	10.5
	小计	—	—	2 682.5	183.49

种类	增殖物种	主要功能定位	主要实施年份	投入资金（万元）	增殖放流数量（万单位）
其他	—	—	—	13 157.45	266 547.23
总计	—	—	—	301 271.5	9 750 928.4

备注：①刺参数量不含大耳幼体。②鱼类不含水生野生保护动物。③金乌贼笼、附着基增殖数量为折算增殖的受精卵数量。④＊为目前仍在增殖放流的物种，共28种，其中海水23种、淡水5种。

上述十大类中，增殖放流资金投入最多的为甲壳类，共投入12.35亿元，其次是鱼类11.83亿元，刺胞动物2.40亿元，分别占总投入的41.0%、39.3%、8.0%；增殖放流数量最多的是甲壳类，共放流713.97亿单位，其次是贝类94.10亿粒，刺胞动物93.47亿头，分别占总放流数量的73.2%、9.7%、9.6%。单物种中，增殖放流资金投入最多的是中国对虾，共投入7亿元，其次是三疣梭子蟹3.81亿元，海蜇2.40亿元，分别占总投入的23.2%、12.6%、8.0%；增殖放流数量最多的是中国对虾，共放流544.48亿尾，其次是日本对虾121.61亿尾，海蜇93.47亿头，分别占总放流数量的55.8%、12.5%、9.6%。详见图2-6至图2-9。

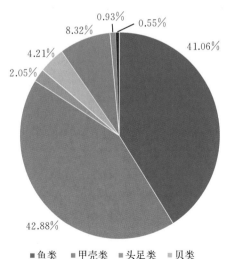

图2-6　1984—2021年山东省公益性增殖放流主要种类投入对比图

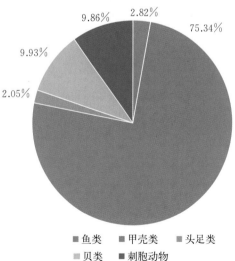

图2-7　1984—2021年山东省公益性增殖放流主要种类放流数量对比图

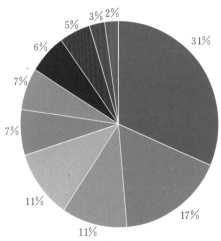
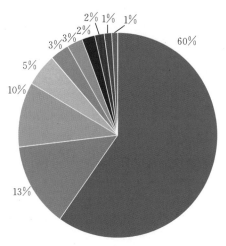

图 2-8　1984—2021 年山东省公益性增
殖放流主要物种投入对比图
（排名前 10 位物种）

图 2-9　1984—2021 年山东省公益性增殖
放流主要物种放流数量对比图
（排名前 10 位物种）

第二节　群众性底播增殖

在很长一个时期，国内传统上将群众性底播增殖纳入浅海滩涂养殖管理，其产量也统计在海水养殖产量中，但从技术范畴讲，群众性浅海滩涂养殖属于增殖放流的范畴，即群众性底播增殖，近年来其投入及产出规模远高于公益性增殖放流。

一、基本情况

据不完全统计，2020 年全省沿海（不含青岛，下同）群众性底播增殖底播面积约 146.11 万亩*，年投入资金约 15.16 亿元，年底播增殖贝类、海珍品等水产苗种约 1 507.80 亿单位，年产量达 44.48 万吨，年产值约 208.92 亿元。其中，威海市年度投入资金最多，为 7.32 亿元；东营市年度底播数量最多，为 1 341.17 亿粒；烟台市底播面积最大，为 53.55 万亩；潍坊市年度产量最高，为 13.05 万吨；威海市年度产值最高，为 137.23 亿元，详见表 2-8。

---

　　*　亩为非法定计量单位，1 亩＝1/15 公顷。

表 2-8　2020 年山东省沿海（不含青岛）群众性底播增殖基本情况

地市	主要底播增殖物种	年度投入资金（万元）	年度底播数量（万单位）	底播面积（万亩）	年产量（万吨）	年产值（万元）
滨州	毛蚶、文蛤、四角蛤蜊等	11 500	500 000	18.11	7.2	29 640
东营	菲律宾蛤仔、毛蚶、四角蛤蜊、文蛤、蓝蛤等	33 708	13 411 716	13.02	11.21	58 962
潍坊	青蛤、文蛤、缢蛏、四角蛤蜊、菲律宾蛤仔等	4 300	585 000	31.00	13.05	107 000
烟台	刺参等	21 225.98	68 069.53	53.55	2.40	517 593
威海	刺参、中间球海胆、紫海胆及魁蚶等贝类	73 244	495 360	25.58	10.56	1 372 260
日照	刺参、魁蚶、脉红螺、菲律宾蛤仔等	7 642	17 890.7	4.85	0.06	3 700.2
合计	—	151 619.98	15 078 036.23	146.11	44.48	2 089 155.20

注：本数据为沿海六地市（不含青岛）渔业主管部门 2020 年初步统计数据。

二、主要物种

目前，山东省群众性底播增殖物种主要包括刺参、皱纹盘鲍、海胆等海珍品以及青蛤、菲律宾蛤仔、毛蚶、文蛤、四角蛤蜊、光滑河蓝蛤（*Potamocorbula laevis*）、魁蚶等贝类。海珍品底播增殖区域主要位于山东半岛近海，贝类底播增殖区域主要集中在莱州湾和渤海湾。据不完全统计，2020 年度群众性底播增殖物种中，投入资金最多的为刺参，约为 8.64 亿元，其次是菲律宾蛤仔，约为 2.47 亿元；底播数量最多的为菲律宾蛤仔，约为 1 192.63 亿粒，其次是毛蚶，约为 108.80 亿粒；底播面积最大的为刺参，约为 74.96 万亩，其次是青蛤，约为 28 万亩；产量最高的为青蛤，约为 10.05 万吨，其次是刺参，约为 8.97 万吨；产值最高的为刺参，约为 183.19 亿元，其次是青蛤，约为 10.10 亿元，详见表 2-9。

表 2-9　2020 年山东省沿海（不含青岛）主要底播物种群众性底播增殖基本情况

主要底播物种	投入资金（万元）	底播数量（万单位）	底播面积（万亩）	年产量（万吨）	年产值（万元）
刺参	86 385.98	257 535.23	74.96	8.97	1 831 943
青蛤	300	25 000	28	10.05	101 000

主要底播物种	投入资金 （万元）	底播数量 （万单位）	底播面积 （万亩）	年产量 （万吨）	年产值 （万元）
菲律宾蛤仔	24 675	11 926 271	7.61	8.01	49 137.2
毛蚶	10 323	1 088 000	8.78	4.91	21 450
文蛤	11 000	230 000	9.18	3.27	17 650
四角蛤蜊	1 632	366 000	6.4	2.62	5 240
蓝蛤	173	360 000	0.5	0.6	1 062
魁蚶	180	20 200	0.77	0.73	750
中间球海胆	40	1 400	0.17	0.003	400
紫海胆	20	600	0.08	0.002	200
皱纹盘鲍	120	360	0.3	0.1	150
泥螺	1 500	1 500	1.5	0.01	100
其他	15 271	801 170	7.86	5.205	60 073
合计	151 619.98	15 078 036.23	146.11	44.48	2 089 155.20

注：本数据为沿海六地市（不含青岛）渔业主管部门 2020 年初步统计数据。

三、存在问题

目前，山东省群众性底播增殖监管还比较薄弱，基本处于空白状态。按照农业部颁布的《水生生物增殖放流管理规定》等有关要求，"单位和个人自行开展规模性水生生物增殖放流活动的，应当提前 15 日向当地县级以上地方人民政府渔业行政主管部门报告增殖放流的种类、数量、规格、时间和地点等事项，接受监督检查"，但目前这一规定还未得到落实，群众性底播增殖尚存在较大生态安全隐患。据了解，山东沿海群众底播贝类苗种主要是南方外购苗，如紫海胆（*Anthocidaris crassispina*）等物种甚至还有外来种，刺参新品种也较多，如水院 1 号、安源 1 号、参优 1 号、东科 1 号、鲁海 1 号等。群众性底播增殖生态安全问题应引起高度重视，宜尽快纳入增殖放流管理范畴，做到未雨绸缪、规范管理。

第三节　社会性放流放生

社会性放流放生是山东省增殖放流的重要组成部分，主要包括生态补偿放流、社会捐助放流、群众慈善放流等。

一、生态补偿放流

2011年，蓬莱19-3油田发生溢油事故，2012—2014年仅农业部争取的生态补偿金中就有1.2亿元用于山东省渤海增殖放流，随后涉渔涉水工程也开始根据国家有关规定落实生态补偿要求，补偿资金专项用于增殖放流和水域生态修复，2019年后按照"谁破坏、谁修复"的原则，逐步建立非法捕捞水产品等刑事连带民事公益诉讼制度，在追究违法者刑事责任的同时，追究其生态修复责任，主要通过增殖放流修复受损生态。如，2020年以来，威海市通过公益诉讼增殖放流褐牙鲆、许氏平鲉等苗种2 500万尾以上，累计投入约1 250万元。

二、社会捐助放流

2005年以来，在各级政府的宣传引导和"云放鱼"等创新活动的带动下，山东省社会捐助放流风生水起、蔚然成风，爱心企业、团体和个人共捐助放流水生生物苗种20亿单位（含供苗单位超计划放流数量），折合人民币价值近亿元。

三、群众慈善放流

群众慈善放流即社会放生，是我国传统民俗，具有点多、面广、频发、不易监管等特点。为提升群众慈善放流效果，确保水域生态安全，全省先后成立烟台、威海等6个市县水生生物资源养护协会，印发《关于进一步规范和引导宗教界水生生物放生（增殖放流）活动的通知》，发放科学放鱼手册、科学放生手册1.5万本，群众慈善放流得到了初步规范和引导。

3 第三章
山东省公益性增殖放流主要物种

第一节 鱼 类

　　40年来，山东省共增殖放流鱼类26种，主要包括许氏平鲉、黑鲷、大泷六线鱼、斑石鲷、条石鲷、真鲷、黄姑鱼、半滑舌鳎、褐牙鲆、圆斑星鲽、钝吻黄盖鲽、绿鳍马面鲀、黄条鰤、鲮、花鲈、星突江鲽等海水鱼类16种以及鲢、鳙、草鱼、青鱼、鲤、鲂、鳜、乌鳢、翘嘴鲌、大银鱼等淡水鱼类10种，累计投入资金约11.83亿元，增殖放流数量约26.65亿尾。目前，山东省仍大规模增殖放流的鱼类有16种，主要包括许氏平鲉、黑鲷、大泷六线鱼、斑石鲷、条石鲷、真鲷、黄姑鱼、半滑舌鳎、褐牙鲆、圆斑星鲽、钝吻黄盖鲽、绿鳍马面鲀、黄条鰤等海水鱼类13种以及鲢、鳙、草鱼等淡水鱼类3种。

　　2005年，山东省开始进行海水鱼类规模化增殖放流。2014年前，主要增殖放流褐牙鲆、半滑舌鳎、钝吻黄盖鲽等鲆鲽鳎鱼类。2014年后，依托大规模人工鱼礁建设和海洋牧场建设，山东省开始大力发展休闲海钓产业，按照"礁、鱼、船、岸、服"五配套的工作思路，高起点、高标准打造了青岛鲁海丰等15处省级休闲海钓示范基地。为促进休闲海钓产业发展，提升休闲海钓示范基地建设服务水平，山东省开始陆续向休闲海钓示范基地及其附近人工鱼礁区海域大规模定点增殖放流许氏平鲉、褐牙鲆、黑鲷、大泷六线鱼等具有恋礁习性的休闲海钓促进型物种。截至2021年，全省共投入资金约8.46亿元，累计增殖放流各类海洋鱼类苗种约8.62亿尾，其中投入资金最多的是褐牙鲆，为2.38亿元，其次是许氏平鲉、黑鲷，分别为1.59亿元、1.46亿元；增殖放流数量最多的是许氏平鲉，为2.42亿尾，其次是褐牙鲆、黑鲷，分别为2.40亿尾、2.05亿尾，详见表3-1，图3-1、图3-2。

表3-1　山东省海水鱼类公益性增殖放流基本情况（截至2021年）

增殖放流物种	主要功能定位	主要实施年份	投入资金 （万元）	增殖放流数量 （万尾）
褐牙鲆*	休闲海钓促进型	1996—2021	23 817.11	24 011.27

增殖放流物种	主要功能定位	主要实施年份	投入资金 （万元）	增殖放流数量 （万尾）
许氏平鲉*	休闲海钓促进型	1995—2021	15 938.41	24 243.78
黑鲷*	休闲海钓促进型	2010—2021	14 561.38	20 498.96
半滑舌鳎*	渔业种群修复型	2008—2021	13 868.92	6 683.74
大泷六线鱼*	休闲海钓促进型	2014—2021	5 631.6	1 743.68
钝吻黄盖鲽*	渔业种群修复型	2009—2021	3 486.69	3 031.64
圆斑星鲽*	渔业种群修复型	2015—2021	1 721.48	538.37
斑石鲷*	休闲海钓促进型	2014—2021	1 701	418.88
黄姑鱼*	休闲海钓促进型	2017—2021	1 329.08	438.06
鲛	—	1990—2015	1 254	3 861.89
绿鳍马面鲀*	增殖试验储备型	2018—2021	492	151.52
真鲷*	增殖试验储备型	1994、2012—2014、2017、2021	471	465.3
条石鲷*	增殖试验储备型	2021	240	41.03
中国花鲈	—	2001、2011、2017	60	38.1
星突江鲽	渔业种群恢复型	2016	60	60
黄条鰤*	增殖试验储备型	2021	0	0
合计	—	—	84 632.67	86 226.22

备注：* 为目前仍在增殖放流的海水鱼类，共 13 种。

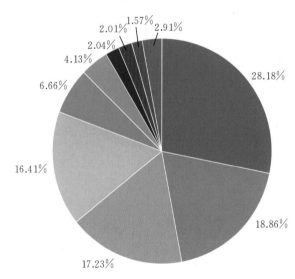

图 3-1　山东省海水鱼类公益性增殖放流投入对比（截至 2021 年）

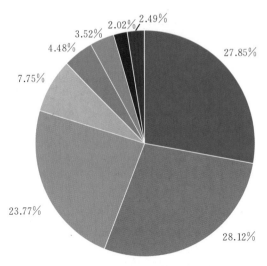

■褐牙鲆 ■许氏平鲉 ■黑鲷 ■半滑舌鳎 ■鲛 ■钝吻黄盖鲽 ■大泷六线鱼 ■其他

图3-2 山东省海水鱼类公益性增殖放流数量对比（截至2021年）

淡水鱼类大规模增殖放流开始于2005年，主要包括鲢、鳙、草鱼等滤食性和草食性鱼类。截至2021年，全省共投入3.37亿元，在南四湖、东平湖、大中型水库、饮用水水源地及城市水系等水域累计增殖放流各类淡水鱼类苗种18.03亿尾，其中增殖放流数量最多的是鲢、鳙，共计13.94亿尾，其次是草鱼、鲤，分别为1.99亿尾、1.72亿尾，详见表3-2、图3-3。

表3-2 山东省淡水鱼类公益性增殖放流基本情况（2005—2021年）

增殖放流物种	主要功能定位	主要实施年份	增殖放流数量（万尾）
鲢*、鳙*	生物生态净水型	2005—2021	139 361.8
草鱼*	生物生态净水型	2006—2021	19 947.03
鲤	—	2006—2020	17 199
青鱼	生物生态净水型	2009、2016—2018	296
大银鱼	捕捞渔民增收型	1996、2008	3 200
鲂		2006—2009	125
乌鳢		2010	120
翘嘴鲌		2010、2017—2018	19
鳜		2008	13
合计	—	—	180 280.83

注：* 为目前仍在增殖放流的淡水鱼类，共3种。

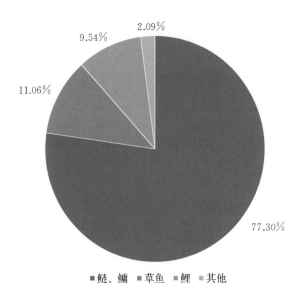

2.09%

9.54%

11.06%

77.30%

■鲢、鳙　■草鱼　■鲤　■其他

图 3-3　山东省淡水鱼类公益性增殖放流数量对比图（2005—2021 年）

2013 年以来，针对淡水增殖放流，山东省创新提出"放鱼养水""测水配方"等先进理念并深入实施。所谓"放鱼养水"，就是向特定水域定向投放、培植和培育非投饵性鱼类、水生植物和微生物，发挥水生生物对水质的净化功能，维护水生生态系统平衡，实现"水"养"鱼"，"鱼"养"水"，"鱼水互涵"，构成完整水生态系统的活动。"放鱼养水"是解决水系富营养化的生物方法和有效途径，滤食性鱼类（主要是鲢、鳙）以浮游生物为饵料，浮游生物在繁殖、生长过程中消耗水中的氮、磷等营养盐，氮、磷减少能抑制藻类过度繁殖，减少溶解氧的消耗，形成稳定的水生态循环系统。

所谓"测水配方"，就是对增殖放流区域先做本底调查，弄清水域的生物资源状况，如浮游生物种类和密度，土著鱼类有哪些物种、有多少资源，再确定放流种类、比例、规格、时间等，是一项水生态养护技术，重点解决在什么基础条件下投放什么物种、什么规格的物种等问题，解决水生动物、水生植物、微生物三元耦合的问题。基于不同功能水域的水质保护需求，以大水面增殖生态学为理论基础，根据不同功能水域的营养状况、饵料生物现存量和增殖容量，构建以增殖渔业资源为主体，科学配置水生植物、底栖动物和微生物等水生生物类群，以达到水质净化、渔业资源修复和水生态系统健康稳定，促进水生态文明建设。2014 年以来，山东省启动"测水配方""放鱼养水"生态试验，选取藻类水华发生、水草疯长、外来贝类危害、水域生态环境退化等四类水生态系统异常响应的典型水域，集成和研发放流技术体系、生物群落构建、生物操纵与水环境调控等技术工艺和配方方案，达到以渔抑藻、以渔控草、以渔控外来有害贝类和水生动植物与微生物耦合调控水域生态环境的生态修复目的，实现放鱼养水的科学化、精准化，形成不同功能水域的水生态养护模式。目前，山东省已出台《内陆水域"测水配方"水生态养护技术规范》（DB37/T 4332—2021）地方标准，完善了《测水配方典型案例》。

一、褐牙鲆

1. 增殖生物学。褐牙鲆俗称牙鲆、牙片、偏口，见图 3-4。属辐鳍鱼纲（Actinopterygii）、鲽形目（Pleuronectiformes）、牙鲆科（Paralichthyidae）牙鲆属（*Paralichthys*），是东北亚特有种，属近海暖温性底层鱼类，主要分布于我国沿海、朝鲜、日本以及俄罗斯的亚洲海区近海等，曾是我国黄渤海重要经济鱼类之一。具有潜沙习性，栖息于水深 10～200 米的沙泥质海区；广盐性鱼类，耐低溶解氧能力较强；属肉食性鱼类，主要捕食底栖甲壳类、小型鱼类。具有生长速度快、适应性强、个体大及肉质细嫩鲜美等优点，是我国重要的增养殖鱼类之一。

图 3-4 褐牙鲆

2. 增殖放流概况。

（1）发展历程。褐牙鲆属海洋牧场休闲海钓产业促进型物种，是山东省增殖放流时间最早、投入最多、规模最大、效益较明显的物种之一。1996—2004年，山东省连续近十年在烟威北部近海开展褐牙鲆小规模放流试验，共投入约129万元，累计试验放流褐牙鲆苗种约86.89万尾。2005年后，开始褐牙鲆规模化增殖放流，增殖放流数量持续大幅攀升，2007年迈上年度千万尾台阶，2014年首次突破年度两千万尾大关，达到峰值2 211.37万尾。此后，为助推休闲海钓产业发展，许氏平鲉、黑鲷等恋礁性鱼类成为增殖放流的重点鱼类，鲆鲽鳎鱼类增殖放流数量有所减少，但年度褐牙鲆增殖放流数量仍保持在千万尾以上规模。1996—2021年，全省共投入褐牙鲆增殖放流资金约2.38亿元，居鱼类首位，累计增殖放流全长50毫米以上褐牙鲆苗种约2.40亿尾，详见表3-3、图3-5。

表3-3 山东省褐牙鲆增殖放流基本情况（1996—2021年）

年份	主要增殖区域	苗种规格（全长，毫米）	计划增殖放流数量（万尾）	实际增殖放流数量（万尾）	投入资金（万元）
1996	环翠近海	增殖试验	—	15.6	20
1997	烟威北部近海	增殖试验	—	30	30
1998	烟威北部近海	增殖试验	—	8.3	18
1999	威海近海	增殖试验	—	2.99	15
2000	威海近海	增殖试验	—	1.2	5
2001	威海近海	增殖试验	—	2.5	10
2002	威海近海	增殖试验	—	16.3	20
2003	威海近海	增殖试验	—	5	5
2004	威海近海	增殖试验	—	5	6
2005	莱州湾、靖子湾、桑沟湾、黄家塘湾等	≥50	100	103.84	200
2006	黄家塘湾、乳山湾、威海湾、双岛湾、莱州湾以及蓬莱近海等	≥50	310	406	700
2007	黄家塘湾、乳山湾、五垒岛湾、桑沟湾、威海湾、双岛湾、莱州湾以及蓬莱近海等	≥50	795	1 099	1 417.5
2008	黄家塘湾、乳山湾、五垒岛湾、桑沟湾、威海湾、双岛湾、莱州湾以及蓬莱近海等	≥50	925	1 310	1 270.6
2009	黄家塘湾、乳山湾、五垒岛湾、桑沟湾、威海湾、双岛湾、莱州湾以及烟台北部近海等	≥50	740	1 394.11	1 164.8

年份	主要增殖区域	苗种规格（全长，毫米）	计划增殖放流数量（万尾）	实际增殖放流数量（万尾）	投入资金（万元）
2010	黄家塘湾、靖海湾、烟威北部近海、莱州湾等	≥50	1 450	1 871.5	1 745
2011	黄家塘湾、靖海湾、塔岛湾、白沙湾、烟威北部近海、莱州湾等	≥50	950	1 389.65	1 371.2
2012	莱州湾、蓬莱近海、套子湾、海阳近海、双岛湾、威海湾、俚岛湾、靖海湾、五垒岛湾、乳山湾、黄家塘湾、虎山近海、涛雒近海等	≥50	1 800	1 884.65	1 807.4
2013	莱州湾、蓬莱近海、套子湾、朝阳港、威海湾、桑沟湾、靖海湾、白沙湾、乳山湾、塔岛湾、黄家塘湾、涛雒近海等	≥50	1 614	1 625.85	1 614
2014	莱州湾、蓬莱海峡、牟平近海、养马岛近海、阴山湾、小石岛、鳌山湾、崂山湾、灵山湾、黄家塘湾等	≥50	2 832	2 211.37	2 808.36
2015	莱州湾、蓬莱海峡、牟平近海、养马岛近海、阴山湾、小石岛、鳌山湾、崂山湾、灵山湾、黄家塘湾等	≥50	766.3	1 509.59	1 233
2016	莱州湾、蓬莱海峡、牟平近海、养马岛近海、阴山湾、小石岛、鳌山湾、崂山湾、灵山湾、黄家塘湾等	≥50	1 381.3	1 774.16	1 512.89
2017	莱州湾、蓬莱海峡、牟平近海、养马岛近海、阴山湾、小石岛、鳌山湾、崂山湾、灵山湾、黄家塘湾等	≥50	963	1 794.6	1 440.45
2018	莱州湾、阴山湾以及烟台开发区、高新区、牟平、日照涛雒等地近海	≥50	880.03	1 184.52	1 233.6
2019	莱州湾、阴山湾以及烟台开发区、高新区、牟平、日照涛雒等地近海	≥50	1 766	1989	1 628

年份	主要增殖区域	苗种规格（全长，毫米）	计划增殖放流数量（万尾）	实际增殖放流数量（万尾）	投入资金（万元）
2020	莱州湾、阴山湾以及烟台开发区、高新区、牟平、日照涛雒等地近海	≥50	1 141.4	1 197.7	1 063
2021	日照岚山近海、东港近海、黄家塘湾、海阳近海、白沙湾、五垒岛湾、靖海湾、桑沟湾、阴山湾、荣成北部近海、威海环翠区近海、烟台高新区近海、牟平近海、烟台开发区近海、长岛近海、蓬莱近海、莱州湾等	≥50	1 500.15	1 178.84	1 478.31
合计	—	—	19 914.18	24 011.27	23 817.11

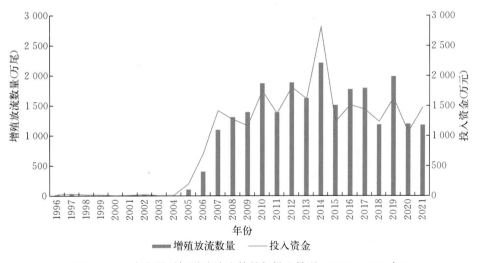

图 3-5　山东省褐牙鲆增殖放流数量与投入情况（1996—2021 年）

（2）空间分布。褐牙鲆增殖放流海域主要集中在日照岚山近海、东港近海、黄家塘湾、烟台海阳近海、威海乳山白沙湾、威海文登区五垒岛湾、靖海湾、威海荣成桑沟湾、阴山湾、荣成北部近海、威海环翠区近海、烟台高新区近海、牟平近海、烟台开发区近海、长岛近海、蓬莱近海、莱州湾等，其中增殖放流数量最多的是黄家塘湾，为 2 251.69 万尾，其次是烟台蓬莱及开发区近海、莱州湾昌邑近海，分别为 1 770.03 万尾、1 377.65 万尾，详见表 3-4、图 3-6。

表 3-4 山东省主要增殖海域褐牙鲆增殖放流数量（2005—2021 年）

主要增殖海域	增殖放流数量（万尾）	主要增殖海域	增殖放流数量（万尾）	主要增殖海域	增殖放流数量（万尾）
黄家塘湾	2 251.69	烟台蓬莱、开发区近海	1 770.03	莱州湾昌邑近海	1 377.65
日照东港近海	1 365.33	威海北部近海	1 237.96	烟台牟平、高区近海	920.61
莱州湾莱州近海	762.01	莱州湾潍坊滨海近海	744.98	莱州湾寿光近海	739.19
乳山湾	666	莱州湾招远近海	534.45	靖海湾	437.32
五垒岛湾	411.35	双岛湾	338	莱州湾龙口近海	276.79
烟台长岛近海	262.99	日照岚山近海	261.61	桑沟湾	166
烟台海阳近海	91.7	天鹅湖	75	荣成北部近海	75
烟台芝罘区、莱山区近海	60	白沙湾	51	俚岛湾	40

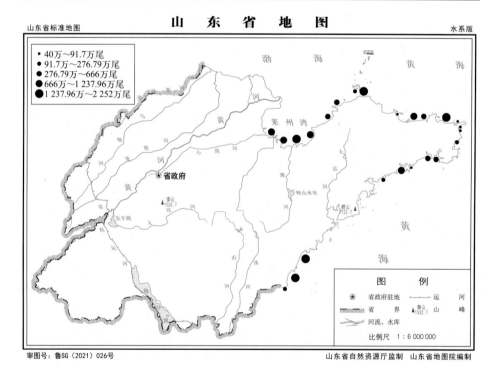

图 3-6 山东省褐牙鲆增殖放流数量空间分布图（2005—2021 年）

（3）放流技术。目前，制定有行业标准《水生生物增殖放流技术规范 鲆鲽类》（SC/T 9422—2015）及山东省地方标准《牙鲆放流增殖技术规范》（DB37/T 718—2007），明确了褐牙鲆增殖放流的海域条件、本底调查，放流物种质量、检验、放流时间、放流操作，放流资源保护与监测、效果评价等技术要点。根据褐牙鲆生物学习性，山东近海褐牙鲆增殖放流时间一般在5月1日至7月20日，9月1日至10月31日。

3. 增殖放流效果。

（1）回捕率。1996年，山东省在威海市环翠区靖子湾开展了褐牙鲆增殖放流试验，采用陆地走访、出海调查相结合的方式评价了褐牙鲆增殖放流效果。经测算，褐牙鲆回捕率约为6.6%。1998—2002年，中日开展水产增殖技术开发合作项目，累计在日照近海标志放流褐牙鲆苗种3.68万尾，其中回捕标志鱼10 114尾，回捕率高达27.48%，增殖效果非常明显。

（2）存活率。2006年9月，原山东省海洋捕捞生产管理站、原山东省海洋水产研究所等单位在烟台套子湾开展了褐牙鲆标志放流试验，共挂牌标志全长50毫米以上褐牙鲆苗种12 469尾。2007年5月，采用扫海面积法评估套子湾及附近海域标志褐牙鲆资源量为1 180尾，标志鱼存活率为10.4%，日均增长1毫米。

（3）经济效益。山东省增殖放流的鱼类均为多年生鱼类，增殖回捕产量很难完全统计，经济效益亦很难精准评估，只能做初步定性分析。通过持续开展大规模增殖放流，褐牙鲆增殖放流累积效益日益凸显。如，2019年烟台蓬莱、长岛等近海渔船日捕大个体褐牙鲆200~500千克，个体重量一般在2.5~3千克。据不完全统计，2005—2018年，全省累计回捕增殖褐牙鲆产量约5 604.95吨，创产值约2.22亿元，实现利润约1.04亿元，见表3-5。

表3-5　山东省增殖褐牙鲆回捕生产情况（2005—2018年）

年　　份	回捕产量（吨）	回捕产值（万元）	实现利润（万元）
2005	93.41	506.46	300
2006	24	74	35
2007	138	811	420
2008	126.5	776.15	403.05
2009	2 255	8 921	3 050
2010	242.5	1 817.4	1 378
2011	100	408	261

年　　份	回捕产量（吨）	回捕产值（万元）	实现利润（万元）
2012	928.9	1 975	730.44
2013	630	1 890	756
2014	313	1 498.4	841.3
2015	283.38	1 380.57	820.92
2016	36.45	211.41	100
2017	343.81	1 570.38	1 195.78
2018	90	337.08	158
合计	5 604.95	22 176.85	10 449.49

注：褐牙鲆为多年生鱼类，增殖回捕产量很难统计，故本数据为不完全统计数据，仅做定性参考。

二、许氏平鲉

1. 增殖生物学。许氏平鲉俗称黑鲪、黑头，见图 3 - 7。许氏平鲉属辐鳍鱼纲（Actinopterygii）、鲉形目（Scorpaeniformes）、鲉科（Scorpaenidae）、平鲉属（*Sebastes*），是近海重要底层经济鱼类，主要分布于我国渤海、黄海、东海，日本海域，朝鲜半岛海域，以及太平洋中、北部水域，为我国海洋捕捞及增养殖的重要对象之一。

图 3 - 7　许氏平鲉

许氏平鲉营半定居性生活,具有恋礁习性,春夏季常栖息于近岸岩礁地带、清水砾石区域及海藻丛生的海区、洞穴中,秋季游向深海,不做长距离洄游。肉食性鱼类,食性凶猛、食量大,主要摄食对虾、鹰爪虾、蟹类、鳀、鲅及头足类等。暖温性底层鱼类,适温范围为1～27 ℃,适盐范围为28～33.4。卵胎生,一般雄性亲鱼二至三龄、雌性亲鱼三至四龄性成熟;繁殖能力较强,体长450毫米亲鱼怀卵量可达31.4万粒。

2. 增殖放流概况。

(1)发展历程。许氏平鲉属海洋牧场休闲海钓产业促进型物种,是山东省增殖放流时间最早、规模最大、投入较多、范围较广的鱼类物种之一。1995—2021年,全省共投入资金约1.59亿元,累计增殖放流全长30毫米以上的许氏平鲉苗种约2.42亿尾,放流数量居鱼类首位,详见表3-6、图3-8。

表3-6 山东省许氏平鲉增殖放流基本情况(1995—2021年)

年份	主要增殖区域	苗种规格(全长,毫米)	计划增殖放流数量(万尾)	实际增殖放流数量(万尾)	投入资金(万元)
1995	牟平近海	增殖试验	—	0.15	6
1996	牟平近海	增殖试验	—	60	3
1998	牟平近海	增殖试验	—	5	2.5
2001	牟平近海	增殖试验	—	60	10
2007	黄家塘湾、烟威北部近海等	≥50	215	167	160.86
2008	黄家塘湾、烟威北部近海等	≥50	200	354	320
2009	黄家塘湾、烟威北部近海等	≥50	185	303.93	305
2010	黄家塘湾、烟威北部近海等	≥50	100	120	120
2011	黄家塘湾、烟威北部近海等	≥50	100	126	151.2
2012	莱州湾以及蓬莱、长岛近海	≥50	200	278.68	324.6
2013	莱州湾、蓬莱近海、金山港近海、俚岛湾、桑沟湾等	≥30	760	807.9	452
2014	15处省级休闲海钓示范基地近海	≥30	3 470	2 450	1 098
2015	15处省级休闲海钓示范基地近海	≥30	1 815.5	2 694	1 151
2016	15处省级休闲海钓示范基地近海	≥30	2 660.71	3 241.7	1 591
2017	15处省级休闲海钓示范基地近海	≥30	2 670	2 759.22	1 807.2
2018	莱州湾、双岛湾、朝阳港、阴山湾、俚岛湾、石岛湾、桑沟湾、五垒岛湾、黄家塘湾以及烟台长岛、蓬莱、开发区、海阳、牟平、日照岚山、涛雒等地近海	≥40	3 408.37	3 800.3	2 099.5

年份	主要增殖区域	苗种规格（全长，毫米）	计划增殖放流数量（万尾）	实际增殖放流数量（万尾）	投入资金（万元）
2019	莱州湾、双岛湾、朝阳港、阴山湾、俚岛湾、石岛湾、桑沟湾、五垒岛湾、黄家塘湾以及烟台长岛、蓬莱、开发区、海阳、牟平、日照岚山、涛雒等地近海	≥40；≥80	2 949	2 930	2 577
2020	莱州湾、双岛湾、朝阳港、阴山湾、俚岛湾、石岛湾、桑沟湾、五垒岛湾、黄家塘湾以及烟台长岛、蓬莱、开发区、海阳、牟平、日照岚山、涛雒等地近海	≥40；≥80	2 665	3 146.8	2 169
2021	岚山近海、东港近海、黄家塘湾、丁字湾、海阳近海、白沙湾、五垒岛湾、靖海湾、桑沟湾、俚岛湾、荣成北部近海、朝阳港、威海经济技术开发区近海、威海环翠区近海、威海火炬高技术产业开发区、烟台高新区近海、牟平近海、烟台开发区近海、长岛近海、莱州湾等	≥40；≥80	1 183.16	939.10	1 590.55
合计	—	—	22 581.74	24 243.78	15 938.41

注：2021年为计划投入资金；因资金落实较晚，部分项目未实施。

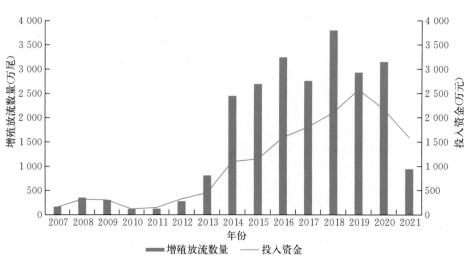

图 3-8　山东省许氏平鲉增殖放流数量与投入资金情况（2007—2021年）

许氏平鲉增殖放流发展过程主要可划分为 3 个阶段：

① 小型试验阶段。20 世纪末至 21 世纪初，原牟平海洋水产资源增殖站连续数年在烟台牟平近海开展了许氏平鲉小规模放流试验，初步摸清了许氏平鲉增殖放流的主要技术要点。

② 起步发展阶段。2007 年，结合快速发展的人工鱼礁建设，开始许氏平鲉规模化增殖放流。2007—2013 年，全省共投入资金约 1 703.96 万元，累计增殖放流全长 30 毫米以上许氏平鲉苗种约 2 156.66 万尾，年均增殖放流数量约 308 万尾。

③ 快速攀升阶段。2014 年，山东省开始大力发展休闲海钓产业，许氏平鲉增殖放流规模迅速壮大，年度增殖放流数量约 2 000 万～3 000 万尾，2018年达到峰值 3 800.3 万尾。2014—2021 年，全省共投入资金约 1.59 亿元，累计增殖放流全长 30 毫米以上许氏平鲉苗种约 2.41 亿尾，年均投入资金约 1 061.13 万元，年均增殖放流数量为 1 607.91 万尾。

（2）空间分布。2014 年之前，许氏平鲉增殖放流主要结合人工鱼礁建设开展；此后，按照"礁、鱼、船、岸、服"五配套思路，重点结合 15 处省级休闲海钓示范基地进行。目前，许氏平鲉增殖放流区域分布广泛，主要集中在日照岚山近海、东港近海、黄家塘湾、丁字湾、海阳近海、白沙湾、五垒岛湾、靖海湾、桑沟湾、俚岛湾、荣成北部近海、朝阳港、威海经济技术开发区近海、威海环翠区近海、威海火炬高技术产业开发区近海、烟台高新区近海、牟平近海、烟台开发区近海、长岛近海、莱州湾等。其中，增殖放流数量最多的是长岛近海，约 2 359.45 万尾，其次是黄家塘湾、烟台牟平及高新区近海，分别约为 2 124.77 万尾、1 861.02 万尾，详见表 3 - 7、图 3 - 9。

表 3 - 7　山东省主要增殖海域许氏平鲉增殖放流数量（2007—2021 年）

主要增殖海域	增殖放流数量（万尾）	主要增殖海域	增殖放流数量（万尾）	主要增殖海域	增殖放流数量（万尾）
长岛近海	2 359.45	黄家塘湾	2 124.77	烟台牟平、高新区近海	1 861.02
桑沟湾	1 729.17	烟台蓬莱、开发区近海	1 609.11	威海北部近海	1 495.51
双岛湾	1 390.93	日照岚山近海	1 372.35	俚岛湾	1 342.65

主要增殖海域	增殖放流数量（万尾）	主要增殖海域	增殖放流数量（万尾）	主要增殖海域	增殖放流数量（万尾）
莱州湾莱州近海	811.13	荣成北部近海	800.19	日照东港近海	673.56
天鹅湖	644.9	莱州湾潍坊滨海区近海	614.32	五垒岛湾	574.37
石岛湾	545.27	靖海湾	318.09	海阳近海	295.22
乳山湾	204.75	莱州湾昌邑近海	150	白沙湾	116.64
丁字湾	109.46	烟台芝罘、莱山近海	35	莱州湾龙口近海	20.11

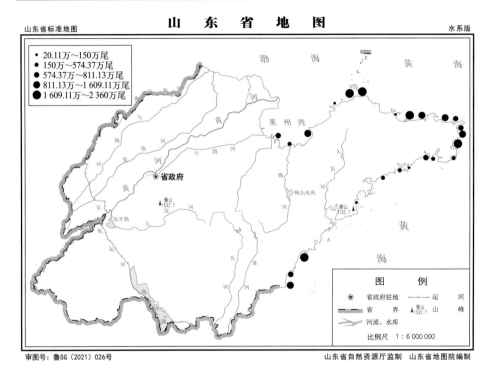

图3-9　山东省许氏平鲉增殖放流数量空间分布图（2007—2021年）

（3）放流技术。目前，制定有行业标准《水生生物增殖放流技术规范　许氏平鲉》（SC/T 9424—2016）及山东省地方标准《水生生物增殖放流技术规范　许氏平鲉》（DB37/T 705—2020），明确了许氏平鲉增殖放流的水域条件、本底调查、苗种质量、苗种检验、放流条件、放流资源保护与监测、效果评价等技术要点。

① 放流规格。经过十多年反复实践与探索，目前许氏平鲉增殖放流苗种规格分为两大类：第一类苗种全长≥80 毫米，第二类苗种全长≥40 毫米，以第一类为主，第二类为辅。其中，第一类苗种主要是参考了韩国网箱暂养实践经验，首先将苗种从车间培育到全长 30 毫米，然后移至自然海域网箱继续中间培育至全长≥80 毫米，此类苗种对海域适应性较高，入海成活率可达 99%以上。第二类苗种为 2013—2017 年山东省增殖放流的许氏平鲉苗种，规格为全长≥30 毫米，但 5 年持续试验发现该规格偏小，苗种入海适应性较差，成活率较低；2018 年，开始将苗种规格调整为全长≥40 毫米，该规格苗种鱼棘相对较软，干称、包装、运输等操作对鱼体损伤也较小，苗种入海适应性相对较高，且当年 7 月即可车间育成，8 月高温季到来前便可完成放流，培育、放流效率较高。

② 放流时间。根据山东省许氏平鲉增殖放流实践经验，拟增殖放流海域底层水温回升到 16 ℃以上时择机增殖放流，其中，第一类苗种为 7 月 1 日至 10 月 31 日放流；第二类苗种为 7 月 1—31 日放流。若放流前后 3 天内有 5 级及以上大风或中浪及以上海况，或者中雨及以上天气或冷空气，则改期放流。

③ 放流方式。根据苗种规格不同采用不同的放流方式，其中，第一类苗种采用网箱中间培育、抽样干称计数、打开网箱网片放流的方式；第二类苗种主要采用全部干称计数、活水车运输的方式。

3. 增殖放流效果。

(1) 回捕率。2015 年，原山东省水生生物资源养护管理中心、原烟台市水产研究所、烟台大学等单位在蓬莱近海采用体外挂牌法标志放流许氏平鲉苗种 5 万尾，评估了标志鱼回捕率。调查结果显示，增殖放流 10 个月内，全长 80 毫米以上标志鱼回捕率为 1.78%，优于全长 60 毫米以上标志鱼 1.10%的回捕率。

(2) 经济效益。据不完全统计，2007—2021 年，全省秋汛累计回捕许氏平鲉产量约 3 910.97 吨，创产值约 12 004.30 万元，实现利润约 5 922.32 万元，详见表 3 - 8。

表 3 - 8　山东省增殖许氏平鲉回捕生产情况（2007—2021 年）

年份	回捕产量（吨）	回捕产值（万元）	实现利润（万元）	备注
2007	37	159	72	
2008	34	154.5	74.6	
2009	2 121	6 160.8	2 683	

年份	回捕产量（吨）	回捕产值（万元）	实现利润（万元）	备注
2010	8	36	22	
2011	—	—	—	无统计数据
2012	—	—	—	无统计数据
2013	462	1 155	462	
2014	256	738.4	417.34	
2015	337.2	1 122.65	715.65	
2016	114.65	321.02	214	
2017	330.12	1 348.93	960.73	
2018	203	792	295	
2019	8	16	6	仅威海环翠数据
2020	—	—	—	无统计数据
2021	—	—	—	无统计数据
合计	3 910.97	12 004.30	5 922.32	

注：①利润未统计年份，按统计年份累计利润与累计产值的比值求得。②许氏平鲉为多年生鱼类，增殖回捕产量很难统计，故本数据为不完全统计数据，仅做初步定性参考。

（3）社会效益。据测算，开展许氏平鲉等恋礁性物种大规模增殖放流有力推动了休闲海钓产业蓬勃发展，拉动餐饮、住宿、交通等相关产业的综合经济收入是鱼品自身价值的 53 倍，"一条鱼"产生了"多条鱼"的价值，有力地促进了山东省渔业转型升级、提质增效。

三、黑鲷

1. 增殖生物学。黑鲷俗称黑加吉、海鲋、青鳞加吉，见图 3 - 10。黑鲷属辐鳍鱼纲（Actinopterygii）、鲈形目（Perciformes）、鲷科（Sparidae）、棘鲷属（Acanthopagrus）。暖温性底层鱼类，主要分布于渤海、黄海、东海、南海、台湾海域，以及日本北海道以南海域、朝鲜半岛海域、西北太平洋温暖水域，是我国重要经济鱼类之一。

黑鲷对环境适应能力较强，具有广温广盐性，生存盐度范围为 4～35，生长适盐范围为 10～30，生存温度为 3.4～35.5 ℃，生长适温范围为 17～25 ℃。

图 3-10 黑 鲷

恋礁性鱼类，喜栖于近岸岩礁海区、内湾沙泥底，一般在 5～50 米水深移动，不做长距离洄游。杂食性鱼类，主要摄食小型鱼类、虾类、底栖贝类等。产卵水温为 14.5～24 ℃，因海域水温不同，繁殖期有一定差异，山东沿海一般为 5 月。分批成熟、多次排卵，大个体怀卵量超过 50 万粒，每次排卵 3 万～10 万粒。具有明显性逆转现象，体长 100 毫米左右全是雄鱼；二龄鱼体长 150～250 毫米为典型雌雄同体阶段；三龄鱼体长 250～300 毫米，性分化基本结束，大部分转化为雌鱼；四龄鱼多数为雌雄异体；但雌性居多，五龄鱼雌雄明显分开。

2. 增殖放流概况。

（1）发展历程。黑鲷属海洋牧场休闲海钓产业促进型物种，是山东省增殖放流时间相对较晚，但投入较多、规模较大、实施范围较广的恋礁性鱼类之一。2010 年，结合人工鱼礁及休闲海钓示范基地建设，开始黑鲷规模化增殖放流，2012 年迈上千万尾台阶，2016 年达到 2 000 万尾以上，2018 年达到峰值 3 529.81 万尾，2021 年因资金大幅压缩，加之资金到位时间较晚，威海、潍坊、日照等地部分项目当年未实施，黑鲷增殖放流数量断崖式下降，仅为 297.88 万尾。2010—2021 年，全省共投入资金约 1.46 亿元，累计增殖放流全长 30 毫米以上黑鲷苗种约 2.05 亿尾，详见表 3-9、图 3-11。

表 3-9　山东省黑鲷增殖放流基本情况（2010—2021 年）

年份	主要增殖区域	苗种规格（全长，毫米）	计划增殖放流数量（万尾）	实际增殖放流数量（万尾）	投入资金（万元）
2010	烟威近海	≥50	700	724.8	700
2011	烟威近海	≥50	680	699.61	703.6
2012	黄家塘湾、涛雒近海、海阳近海、乳山湾、五垒岛湾、桑沟湾、威海湾、套子湾、蓬莱近海、莱州湾等	≥50	1 280	1 124.54	805.4
2013	黄家塘湾、涛雒近海、五垒岛湾、俚岛湾、威海湾、套子湾、蓬莱近海、莱州湾等	≥30	1 270	1 484.79	762
2014	黄家塘湾、涛雒近海、五垒岛湾、乳山湾、塔岛湾、俚岛湾、威海湾、套子湾、蓬莱近海、莱州湾等	≥30	2 155	1 136	665
2015	15 处省级休闲海钓示范基地附近海域	≥30	1 330	1 692.5	926
2016	15 处省级休闲海钓示范基地附近海域	≥30	2 027.78	2 317.43	1 420.76
2017	15 处省级休闲海钓示范基地附近海域	≥30	2 507.5	2 711.6	1 529
2018	烟台长岛、蓬莱、开发区、海阳、日照岚山等近海，莱州湾、双岛湾、威海湾、阴山湾、朝阳港、俚岛湾、靖海湾、五垒岛湾、黄家塘湾等	≥40 或≥80	3 339.01	3 529.81	2 052.5
2019	烟台长岛、蓬莱、开发区、海阳、日照岚山等近海，莱州湾、双岛湾、威海湾、阴山湾、朝阳港、俚岛湾、靖海湾、五垒岛湾、黄家塘湾等	≥40 或≥80	2 320	2 040	2 202
2020	烟台长岛、蓬莱、开发区、海阳、日照岚山等近海，莱州湾、双岛湾、威海湾、阴山湾、朝阳港、俚岛湾、靖海湾、五垒岛湾、黄家塘湾等	≥40 或≥80	2 583.8	2 740	1 607.7

（续）

年份	主要增殖区域	苗种规格（全长，毫米）	计划增殖放流数量（万尾）	实际增殖放流数量（万尾）	投入资金（万元）
2021	岚山近海、黄家塘湾、海阳近海、五垒岛湾、靖海湾、石岛湾、桑沟湾、俚岛湾、荣成北部近海、朝阳港、阴山湾、威海湾、双岛湾、牟平近海、烟台开发区近海、长岛近海、莱州湾等	≥40或≥80	693.51	297.88	1 187.42
合计	—	—	20 886.6	20 498.96	14 561.38

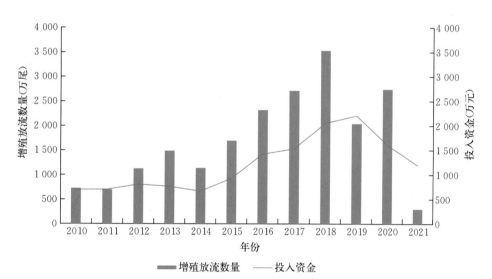

图 3 - 11　山东省黑鲷增殖放流数量与投入情况（2010—2021 年）

（2）空间分布。黑鲷增殖放流区域相对较广，目前主要集中在日照岚山近海、黄家塘湾、海阳近海、五垒岛湾、靖海湾、石岛湾、桑沟湾、俚岛湾、荣成北部近海、朝阳港、阴山湾、威海湾、双岛湾、牟平近海、烟台开发区近海、长岛近海、莱州湾等。其中，增殖放流数量最多的是威海北部近海，为2 190.52万尾，其次是烟台蓬莱及开发区近海、日照岚山近海，分别为1 920.73万尾和1 833.05万尾，详见表3-10、图3-12。

表 3-10 山东省主要增殖海域黑鲷增殖放流数量（2010—2021 年）

主要增殖海域	增殖放流数量（万尾）	主要增殖海域	增殖放流数量（万尾）	主要增殖海域	增殖放流数量（万尾）
威海北部近海	2 190.52	烟台蓬莱、开发区近海	1 920.73	日照岚山近海	1 833.05
黄家塘湾	1 513.08	俚岛湾	1 336.1	烟台长岛近海	1 157.98
莱州湾莱州近海	1 041.21	五垒岛湾	1 039.19	荣成北部近海	888.21
烟台海阳近海	871.29	莱州湾昌邑近海	724.3	靖海湾	704.8
桑沟湾	626.47	双岛湾	612.07	日照东港近海	537.5
天鹅湖	461	莱州湾潍坊滨海近海	400	石岛湾	288.63
白沙湾	230	莱州湾龙口近海	208.18	塔岛湾	150
烟台牟平、高新区近海	120.92	乳山湾	110	崂山湾	102
莱州湾寿光近海	100	烟台芝罘、莱山近海	20		

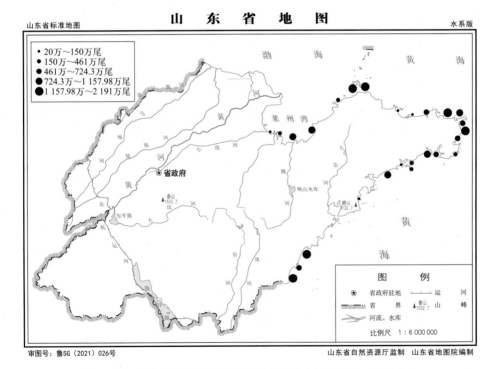

图 3-12 山东省黑鲷增殖放流数量空间分布图（2010—2021 年）

（3）放流技术。目前，制定有《水生生物增殖放流技术规范 鲷科鱼类》（SC/T 9418—2015）和山东省地方标准《水生生物增殖放流技术规范 黑鲷》（DB37/T 2075—2020），明确了黑鲷增殖放流的水域条件、本底调查、苗种质量、苗种检验、放流条件、放流操作、放流资源保护与监测、效果评价等技术要求。黑鲷苗种规格调整过程、增殖放流技术要点基本同许氏平鲉，但其耗氧率明显高于许氏平鲉，增殖放流操作时需特别注意。

3. 增殖放流效果。

（1）回捕率。依托海洋公益性行业科研专项经费项目《基于生态系统的典型海域生物资源综合修复与调控技术研究及示范修复》之子任务《目标种的健康培育技术研究与示范（200905019-7）》，2011年，山东省海洋捕捞生产管理站组织山东省海洋水产研究所、烟台大学等单位在莱州湾东部采用体外挂牌法开展了黑鲷标志放流，共标志全长80毫米以上黑鲷苗种约7.09万尾，暂养3天后成活率达97.8%。增殖放流3个月内，通过地笼、流刺网、海钓等方式共回收标志鱼1041尾，初步测算3个月内标志鱼回捕率约为1.04%。

（2）经济效益。据不完全统计，2011—2021年，全省累计回捕增殖黑鲷产量约1478.65吨，创产值约4265.38万元，实现利润约2144.41万元，见表3-11。

表3-11　山东省增殖黑鲷回捕生产基本情况（2011—2021年）

年份	回捕产量（吨）	回捕产值（万元）	实现利润（万元）	备注
2011	99	280	168	
2012	76.5	269.5	159.3	
2013	546	1 092	436.8	
2014	391	1 476.4	640.2	
2015	104.45	335.4	219.95	
2016	52.72	189.79	126.53	
2017	79.48	261.17	179.12	
2018	126.5	356	212.31	
2019	3	5.12	2.2	仅环翠数据
2020	—	—	—	无统计数据
2021	—	—	—	无统计数据
合计	1 478.65	4 265.38	2 144.41	

注：黑鲷为多年生鱼类，增殖回捕产量很难统计，故本数据为不完全统计数据，仅做定性参考。

（3）社会效益。据测算，开展黑鲷大规模增殖放流有力推动了休闲海钓产业蓬勃发展，拉动的餐饮、住宿、交通等相关产业综合产值是商品鱼价值的53倍，"一条鱼"产生了"多条鱼"的价值，有力促进了山东渔业转型升级提质增效。

四、半滑舌鳎

1. 增殖生物学。半滑舌鳎属辐鳍鱼纲（Actinopterygii）、鲽形目（Pleuronectiformes）、舌鳎科（Cynoglossidae）、舌鳎属（*Cynoglossus*），见图3-13。暖温性底层经济鱼类，主要分布于日本中部海域、朝鲜半岛海域、西北太平洋暖温水域，以及我国渤海、黄海、东海，其中黄渤海较为常见，是我国重要的增养殖鱼类之一，乃"春花秋鳎"之"鳎"。栖息于水深20～80米的沙泥质海区，一般不做长距离洄游，具有广温广盐、适应性强等特点。在自然海区中，主要摄食底栖虾类、蟹类、小型贝类及沙蚕类等。

图3-13　半滑舌鳎

半滑舌鳎属秋季产卵型鱼类，自然繁殖季节为9—10月，产卵期间集群性不强，产卵场非常分散，主要分布在河口附近，水深8～10米。雌性生殖腺极为发达，怀卵量很高，雄性精巢体积小，极不发达。成熟精巢体积或重量都只有成熟卵巢的 1/900～1/200。体长为 560～700 毫米的性成熟雌性个体，卵巢重量一般为 100～370 克，相对怀卵量约为 9 万～25 万粒。

2. 增殖放流概况。

（1）发展历程。半滑舌鳎属渔业种群修复型物种，是山东省鲆鲽类增殖放流时间相对较早、投入较多、规模较大、效果较好的传统名贵鱼类之一。2008 年，山东省开始在莱州湾、黄家塘湾等海域开展半滑舌鳎规模化增殖放流，至 2021 年全省共投入资金约 1.39 亿元，累计增殖放流全长 50 毫米以上半滑舌鳎苗种约 6 683.74 万尾，其中 2009 年增殖放流数量最少，为 183.19 万尾，2019 年最多，为 971 万尾，详见表 3-12、图 3-14。

表 3-12 山东省半滑舌鳎增殖放流基本情况（2008—2021 年）

年份	主要增殖区域	苗种规格（全长，毫米）	计划增殖放流数量（万尾）	实际增殖放流数量（万尾）	投入资金（万元）
2008	黄家塘湾、莱州湾	≥50	40	196	361
2009	莱州湾、渤海湾	≥50	80	183.19	700
2010	莱州湾、渤海湾	≥50	270	278.3	910
2011	莱州湾、渤海湾	≥50	290	302.9	870
2012	莱州湾、渤海湾	≥50	330	406.87	975.92
2013	莱州湾、渤海湾	≥50	320	339.22	820
2014	莱州湾、渤海湾	≥50	658	673	1 597.7
2015	莱州湾、渤海湾	≥50	282	324	576
2016	莱州湾、渤海湾	≥50	374.66	402	728
2017	莱州湾、渤海湾、黄家塘湾等	≥50	400.4	605.42	800.8
2018	莱州湾、渤海湾	≥50	504.02	549.44	990.7
2019	莱州湾、渤海湾	≥50	944	971	1 925
2020	莱州湾、渤海湾	≥50	848.7	877	1 357
2021	黄家塘湾、五垒岛湾、莱州湾、渤海湾等	≥50	655.69	575.40	1 256.8
合计	—	—	5 997.47	6 683.74	13 868.92

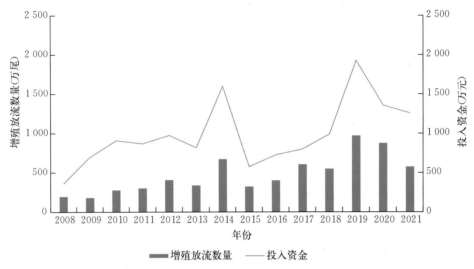

图 3-14 山东省半滑舌鳎增殖放流数量与投入情况（2008—2021年）

（2）空间分布。目前，半滑舌鳎增殖放流区域主要集中在莱州湾、渤海湾、黄家塘湾、五垒岛湾等。2008—2021年，半滑舌鳎增殖放流数量最多的是渤海湾滨州近海，约为1531.1万尾，其次是莱州湾昌邑近海、莱州湾莱州近海，分别约为1041.73万尾和969.27万尾，详见表3-13、图3-15。

表 3-13 山东省主要增殖海域半滑舌鳎增殖放流数量（2008—2021年）

主要增殖海域	增殖放流数量（万尾）	主要增殖海域	增殖放流数量（万尾）
渤海湾滨州近海	1 531.1	莱州湾昌邑近海	1 041.73
莱州湾莱州近海	969.27	渤海湾东营近海	766.9
莱州湾东营近海	413.65	莱州湾潍坊滨海近海	397.35
莱州湾招远近海	228.21	黄家塘湾	132.12
烟台芝罘、莱山近海	39.14	莱州湾龙口近海	21.17
莱州湾寿光近海	20.3		

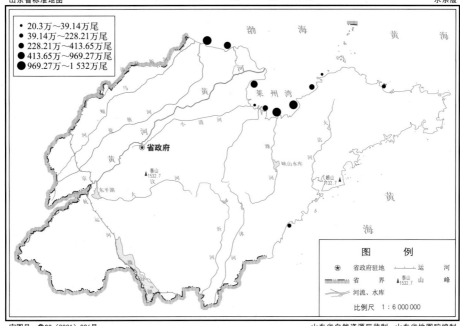

图 3-15　山东省半滑舌鳎增殖放流数量空间分布图（2008—2021 年）

3. 增殖放流效果。据不完全统计，2008—2021 年，全省秋汛累计回捕增殖半滑舌鳎产量约 2 075.4 吨，回捕产值约 14 686.34 万元，实现利润约 6 475.52 万元，见表 3-14。

表 3-14　山东省增殖半滑舌鳎回捕生产情况（2008—2021 年）

年　份	回捕产量 （吨）	回捕产值 （万元）	实现利润 （万元）	备　注
2008	2.7	13.5	4.5	
2009	175	246.4	163	
2010	13.7	137	91	
2011	40	947	615	
2012	252	3 087	1 029	
2013	721.8	1 890	456	
2014	504	5 018.5	2 140.62	
2015	59.8	218.8	76.4	

年　　份	回捕产量 （吨）	回捕产值 （万元）	实现利润 （万元）	备　　注
2016	71.4	450.06	178	
2017	130	2 300	1 500	
2018	105	378.08	222	
2019	—	—	—	无统计数据
2020	—	—	—	无统计数据
2021	—	—	—	无统计数据
合计	2 075.4	14 686.34	6 475.52	

注：半滑舌鳎为多年生鱼类，回捕产量很难完全统计，故本回捕生产数据为不完全统计数据。

五、鲢、鳙

鲢、鳙为滤食性鱼类，以浮游生物为食，鲢俗称白鲢，鳙俗称花鲢、胖头鱼，见图3-16、图3-17。鲢、鳙是山东省增殖放流时间最早、投入最多、规模最大、范围最广，且目前仍规模开展的淡水鱼类。鲢、鳙规模化增殖放流始于2005年，截至2021年全省累计在东平湖、南四湖、大中型水库以及城市水系增殖放流鲢、鳙苗种13.94亿尾，有力涵养了全省淡水生态，详见表3-15。

图3-16　鲢

图 3-17　鳙

表 3-15　山东省鲢、鳙增殖放流基本情况（2005—2021 年）

年份	主要增殖区域	苗种规格	增殖放流数量（万尾）	投入资金（万元）
2005	东平湖、南四湖	—	310	—
2006	东平湖、南四湖	15～40尾/千克	540	144
2007	东平湖、南四湖	—	600	—
2008	东平湖、南四湖、峡山水库、跋山水库	10～30尾/千克	879	402.5
2009	南四湖、东平湖、峡山水库、跋山水库、太河水库、岩马水库、岸堤水库	20～40尾/千克、寸片	6 438	—
2010	南四湖、东平湖、峡山水库、跋山水库、太河水库、岩马水库、岸堤水库等	全长50毫米以上	2 516	500
2011	南四湖、东平湖、峡山水库、冶源水库、跋山水库、岸堤水库、陡山水库、许家崖水库、岩马水库、雪野水库、太河水库、青峰岭水库等	全长50毫米以上	9 559	—
2012	南四湖、东平湖、峡山水库、冶源水库、跋山水库、岸堤水库、陡山水库、许家崖水库等	全长50毫米以上	10 420	—
2013	东平湖、南四湖、全省大中型水库以及城市水系	全长50毫米以上	13 190	—

年份	主要增殖区域	苗种规格	增殖放流数量（万尾）	投入资金（万元）
2014	东平湖、南四湖、全省大中型水库以及城市水系	全长 50 毫米以上	22 860	—
2015	东平湖、南四湖、全省大中型水库以及城市水系	全长 50 毫米以上	16 860	—
2016	东平湖、南四湖、全省大中型水库以及城市水系	全长 50 毫米以上	12 210	—
2017	东平湖、南四湖、全省大中型水库以及城市水系	全长 50 毫米以上	11 495	—
2018	东平湖、南四湖、全省大中型水库以及城市水系	全长 50 毫米以上	11 540	—
2019	东平湖、南四湖、全省大中型水库以及城市水系	全长 100 毫米以上	8 797	2 595
2020	东平湖、南四湖、全省大中型水库以及城市水系	全长 100 毫米以上	7 903	3 201
2021	东平湖、南四湖、全省大中型水库以及城市水系	全长 100 毫米以上	3 244.80	1 343
合计	—	—	139 361.8	—

注：①因山东省多数年份鲢、鳙增殖放流数量未区分开来，故本表一并统计。②因大多数年份未细分淡水物种增殖放流资金，故相关年份本表未明确资金。

第二节 甲 壳 类

甲壳类是山东省公益性增殖放流的旗舰种类，具有开展时间最早、投入资金最多、放流规模最大、增殖效益最好等特点，是山东省近海捕捞渔民增产创收的主要物种，深受广大渔民群众的欢迎。40 年来，山东省共开展过 8 种甲壳类物种的增殖放流，主要包括中国对虾、三疣梭子蟹、日本对虾、解放眉足蟹、日本蟳、中华虎头蟹等海水物种 6 种以及中华绒螯蟹、日本沼虾等淡水物种 2 种，累计投入资金约 12.35 亿元，增殖放流数量约 713.97 亿单位。目前，仍规模化开展增殖放流的甲壳类有 4 种，主要包括中国对虾、日本对虾、三疣梭子蟹等海水物种 3 种以及中华绒螯蟹等淡水物种 1 种。

截至 2021 年，全省投入资金最多的甲壳类是中国对虾，为 7.00 亿元，其次是三疣梭子蟹、日本对虾，分别为 3.81 亿元、1.13 亿元；增殖放流数量最多的是中国对虾，为 544.48 亿尾，其次是日本对虾、三疣梭子蟹，分别为 121.61 亿尾、46.74 亿只，详见表 3－16，图 3－18、图 3－19。

表 3－16　山东省甲壳类增殖放流基本情况（1984—2021 年）

增殖物种	主要功能定位	主要实施年度	增殖放流数量（万单位）	投入资金（万元）
中国对虾*	捕捞渔民增收型	1984—2021	5 444 834.86	70 022.42
三疣梭子蟹*	捕捞渔民增收型	1995—2021	467 391.19	38 108.09
日本对虾*	捕捞渔民增收型	1996—2021	1 216 116.37	11 343.24
中华绒螯蟹*	渔业种群恢复型	2005—2021	10 870.3	3 944.02
解放眉足蟹	渔业种群恢复型	2012—2017	133.48	110
中华虎头蟹	渔业种群恢复型	2013	170	15.3
日本蟳	渔业种群恢复型	1999	20	5
日本沼虾	—	2010	120	—
合计	—	—	7 139 656.2	123 548.07

注：＊为目前仍规模化增殖放流的甲壳类物种，共 4 种，其中海水 3 种，淡水 1 种。

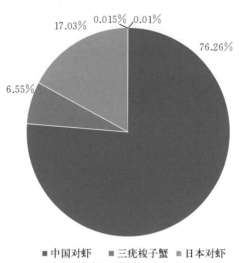

图 3－18　山东省甲壳类主要物种增殖放流数量饼状图（1984—2021 年）

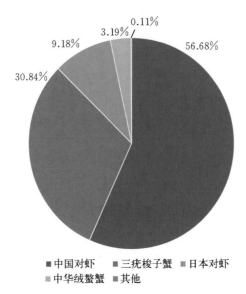

图 3-19　山东省甲壳类主要物种增殖放流投入饼状图（1984—2021 年）

一、中国对虾

1. 增殖生物学。 中国对虾又称东方对虾，属节肢动物门（Arthropoda）、甲壳纲（Crustacea）、十足目（Decapoda）、对虾科（Penaeidae）、明对虾属（*Fenneropenaeus*），见图 3-20。为一年生、暖水性、长距离洄游虾类，具有

图 3-20　中国对虾

广温广盐性。偏黄色对虾为雄性，偏青色对虾为雌性，过去常因成对出售，故称对虾。渤海对虾每年秋末冬初，开始越冬洄游，到黄海东南部深海区越冬；翌年春北上，形成产卵洄游。4月下旬开始产卵，怀卵量30万～100万粒，雌虾产卵后大部分死亡。食性较广，幼体阶段以多甲藻、舟形藻和圆筛藻等为主，也摄食少量动物性食物；幼虾以小型甲壳类为主，同时也摄食软体动物、多毛类及其幼体和小鱼等；成虾以底栖甲壳类、瓣鳃类、头足类、多毛类、蛇尾类、棘皮类和小型鱼类为主要食物。

20世纪60—80年代，中国对虾曾是我国出口创汇的重要水产品以及黄渤海流刺网、底拖网捕捞的重要品种，最高年（1979年）产量达4.27万吨，后因持续高强度捕捞，种群资源逐步衰退。据专家研究，"八五"期间，山东省南部海域秋汛，中国对虾自然资源量仅20～30吨。中国对虾具有适应性强、生长速度快、经济价值高等特点，是非常理想的增殖放流物种。

2. 增殖放流概况。

（1）发展历程。中国对虾是山东省增殖放流开展时间最早、投入最多、规模最大、效益最好、影响最广泛的物种之一，其增殖放流发展历程与全省增殖放流总体发展历程高度吻合，亦可划分为4个阶段，即起步发展阶段（1981—1993年）、低速徘徊阶段（1994—2004年）、快速发展阶段（2005—2014年）和效益下滑阶段（2015—2021年）。

① 起步发展阶段（1981—1993年）。20世纪80年代初，中国对虾工厂化育苗取得成功，不仅解决了虾苗水产养殖问题，也为中国对虾生产性增殖放流活动提供了可能。1981—1983年，中国水产科学研究院黄海水产研究所、原山东省海洋水产研究所、原山东省海水养殖研究所等单位分别在莱州湾、桑沟湾、乳山湾等近海开展了中国对虾小规模增殖放流试验并取得成功，初步摸清了中国对虾生长、洄游等生活习性以及生态放流量等。在成功试验的基础上，1984年山东省拉开了全国性的中国对虾生产性增殖放流活动的序幕，当年累计在桑沟湾、五垒岛湾、乳山湾、丁字湾、胶州湾等海域增殖放流经中间培育的体长30毫米以上大规格中国对虾（幼虾）苗种约4.4亿尾。

增殖放流初期，人工繁育的中国对虾苗种主要用于水产养殖，增殖放流苗种吃水产养殖的"剩饭"，苗种数量及质量都难以保障，1987年中国对虾养殖面积大幅增加，虾苗供不应求，增殖放流被迫暂停一年。为争取主动，从1987年下半年起，山东省开始利用柴油借资增殖款作为周转金，分期分批建设专门的海洋水产资源增殖站定点供应增殖放流苗种，当年建成15处，列为事业编制，至1990年全省共建成日照海洋水产资源增殖站等23处（表3-17），初步走上了"自繁、自育、自放"的可持续发展道路，这也为后续建立基于渔业增殖站的定点供苗制度积累了宝贵经验。但后期随着机构改革，绝大多数海洋水产资源增殖站被撤销、合并。

表3-17　山东省早期建立的23处海洋水产资源增殖站（1988—1990年）

序　号	海洋水产资源增殖站名称	投产年份
1	日照海洋水产资源增殖站	1988
2	胶南海洋水产资源增殖站	1988
3	黄岛海洋水产资源增殖站	1988
4	崂山上马海洋水产资源增殖站	1988
5	即墨温泉海洋水产资源增殖站	1988
6	莱阳海洋水产资源增殖站	1988
7	海阳海洋水产资源增殖站	1988
8	威海海洋水产资源增殖站	1988
9	乳山海洋水产资源增殖站	1988
10	文登小观海洋水产资源增殖站	1988
11	文登前岛海洋水产资源增殖站	1988
12	荣成桑沟湾海洋水产资源增殖站	1988
13	荣成邱家海洋水产资源增殖站	1988
14	荣成靖海海洋水产资源增殖站	1988
15	牟平海洋水产资源增殖站	1988
16	芝罘海洋水产资源增殖站	1988
17	福山海洋水产资源增殖站	1989
18	蓬莱海洋水产资源增殖站	1989
19	日照两城海洋水产资源增殖站	1990
20	文登市北海洋水产资源增殖站	1990
21	荣成海洋水产资源增殖站	1990
22	文登崔家盐场海洋水产资源增殖站	1990
23	长岛海洋水产资源增殖站	1990

②低速徘徊阶段（1994—2004年）。1993年，中国对虾白斑综合征病毒在全国范围内大规模暴发。此后十余年，虾苗供应不足，虾池数量不断减少，加之增殖资金紧张，中国对虾增殖业严重受挫，增殖放流规模锐减，年度增殖

放流量最低时仅 1.3 亿尾。虽然中国对虾增殖事业处于低谷，但山东省也做了大量有益工作。

一是改革了中国对虾验收方法。早期大规格中国对虾增殖放流验收采用全部干称法，费时、费力、伤苗。为进一步摸清"全部重量法"对大规格中国对虾增殖放流苗种的机械损伤程度，科学优化大规格中国对虾增殖放流验收方式方法，1991 年牟平、胶南等地海洋水产资源增殖站以及原文登市水产研究所开展了大规格中国对虾"重量法"验收机械损伤研究。试验结果表明，全部干称直接导致大规格中国对虾苗种的机械死亡率高达 15％以上。1998 年山东省据此将大规格中国对虾增殖放流验收方法由全部干称法调整为干称、评估相结合，此法准确性较高，且操作简便，对苗种伤害较小，有效提高了中国对虾增殖放流苗种成活率及工作效率。

二是开展了大量基础性研究。为使中国对虾增殖业尽快走出低谷，开展了《山东省"八五"期间对虾增殖效益分析及问题对策的研究》。为摸清山南海域中国对虾增殖放流生态容量，1998 年山东省海洋捕捞生产管理站、山东省海洋水产研究所等单位对山东南部靖海湾、五垒岛湾、乳山湾、丁字湾、鳌山湾、唐岛湾、胶州湾、黄家塘湾、桑沟湾等九大海湾中国对虾增殖放流适宜数量与放流点科学布局进行了调查评估，并得出初步结论："山南"九大海湾体长 30 毫米以上中国对虾最适增殖放流数量不低于 6 亿尾（表 3 - 18），为科学开展山东省南部海域大规格中国对虾增殖放流提供了强有力的技术支撑。

表 3 - 18 "山南"九大海湾中国对虾增殖放流适宜数量（1998 年研究成果）

九大海湾	面积 （千米²）	适宜增殖放流量 （万尾）	苗种体长 （毫米）
靖海湾	89.3	9 000	≥30
五垒岛湾	69.3	12 000	≥30
乳山湾	47.3	7 000	≥30
丁字湾	147.8	10 000	≥30
鳌山湾	164.2	3 000	≥30
胶州湾	388.0	7 000	≥30
唐岛湾	10.2	2 000	≥30
棋子湾	29.3	4 000	≥30
黄家塘湾	30.2	6 000	≥30
合计	957.6	60 000	≥30

三是优化了中国对虾的价格和规格。1993年以来，体长30毫米以上中国对虾苗种计划内价格一直为75元/万尾，明显低于市场价，严重挫伤了增殖站的供苗积极性。为确保中国对虾增殖业可持续发展，2002年山东省采用公开竞标方式采购增殖放流苗种，有效调动了供苗单位的积极性。十余年实践也发现，中国对虾暂养中培至体长30毫米以上时很容易感染对虾白斑病，为避开发病高峰期，提高苗种暂养成活率，1999年山东省将大规格中国对虾苗种的规格由体长30毫米以上调整为25毫米以上。

四是实行合同化管理制度。为强化对增殖站的刚性约束，实行奖优罚劣，1999年山东省开始对中国对虾增殖放流实行合同化管理，山东省海洋捕捞生产管理站与相关增殖站签订增殖合同，明确增殖站的权责利，并采取奖罚措施确保增殖计划顺利实施。比如，对无法完成年度增殖放流任务的增殖站，增殖放流苗种价格按一定比例下调；连续两年未完成增殖放流任务的，取消其增殖站资格等。

③ 快速发展阶段（2005—2014年）。2005年实施渔业资源修复行动计划之后，渔业资源修复纳入省级财政预算，随着资金规模的持续壮大，中国对虾增殖放流规模开始逐步回升。2007年，山东省恢复了渤海中国对虾增殖放流，并出台《中国对虾放流增殖技术规范》（DB37/T 704—2007）。之后，受填海工程、海岸线改造等影响，适合中国对虾中间培育的虾池日益减少。2009年开始，山东省在增殖放流体长25毫米以上大规格中国对虾苗种的同时，又在暂养池无法保障的海区增加了不需中间培育的体长10毫米以上小规格中国对虾（仔虾）苗种增殖放流，加之2011年蓬莱19-3溢油事故部分赔偿款用于增殖放流，中国对虾增殖放流规模迅速大幅度攀升。这一阶段，中国对虾增殖业起底反弹、快速发展，供苗体系、标准操作、规范管理等均趋于完善和成熟。

④ 效益下滑阶段（2015—2021年）。2015年以来，山东省增殖放流先后经历简政放权、资金切块下达、涉农资金统筹整合等政策大调整，中国对虾增殖放流资金投入与规模虽持续处于高位，但高质量发展亦遭受前所未有的重大挑战，定点供苗制度发生重大变化，增殖放流效果也一落千丈，综合直接投入产出比仅为1∶2.3，呈现高投入、大规模、低产出、效益差的阶段特点。

（2）放流规模。中国对虾是山东省增殖放流资金投入最多、规模最大的物种之一。1984—2021年，全省共投入资金约7.00亿元，累计增殖放流体长10毫米以上中国对虾苗种约544.48亿尾，其中小规格苗种约240.39亿尾，大规格苗种约 304.09 亿尾，见表 3-19、图 3-21。

表 3-19　山东省中国对虾增殖放流基本情况（1984—2021 年）

年份	主要增殖区域	苗种规格（体长，毫米）	计划增殖放流数量（万尾）	实际增殖放流数量（万尾）	投入资金（万元）
1984	山东黄海南岸（胶州湾、丁字湾、乳山湾、五垒岛湾、桑沟湾等）	≥30	—	38 520	227.03
1985	山东黄海南岸（胶州湾、丁字湾、乳山湾、五垒岛湾、桑沟湾等）	≥30	—	93 268	569.76
1986	山东黄海南岸（胶州湾、丁字湾、乳山湾、五垒岛湾、桑沟湾等）	≥30	—	74 175	344.23
1987	—	≥30	100 000	0	0
1988	蓬莱灯塔至岚山头禁渔区内侧水域（黄家塘湾、灵山湾、胶州湾、鳌山湾、丁字湾、乳山湾、五垒岛湾、靖海湾、桑沟湾及烟威北部近海等）	≥30	127 000	96 215.17	1 233.26
1989	蓬莱灯塔至岚山头禁渔区内侧水域（黄家塘湾、胶州湾、鳌山湾、丁字湾、乳山湾、五垒岛湾、靖海湾、桑沟湾及烟威北部近海等）	≥30	140 000	127 849.28	1 319.42
1990	蓬莱灯塔至岚山头禁渔区内侧水域（黄家塘湾、胶州湾、鳌山湾、丁字湾、乳山湾、五垒岛湾、靖海湾、桑沟湾及烟威北部近海等）	≥30	100 000	112 326.12	799.99
1991	蓬莱灯塔至岚山头禁渔区内侧水域（黄家塘湾、灵山湾、胶州湾、崂山湾、鳌山湾、丁字湾、乳山湾、塔岛湾、五垒岛湾、靖海湾、桑沟湾及烟威北部近海等）	≥30	100 000	153 311.40	829.96
1992	蓬莱灯塔至岚山头禁渔区内侧水域（黄家塘湾、胶州湾、鳌山湾、丁字湾、乳山湾、五垒岛湾、靖海湾、桑沟湾及烟威北部近海等）	≥30	100 000	95 522.72	767.47

年份	主要增殖区域	苗种规格（体长，毫米）	计划增殖放流数量（万尾）	实际增殖放流数量（万尾）	投入资金（万元）
1993	牟平至岚山头禁渔区内侧水域（黄家塘湾、胶州湾、鳌山湾、丁字湾、乳山湾湾、五垒岛湾、靖海湾、桑沟湾、烟威北部近海等）	≥30	60 000	75 336.54	513.87
1994	牟平至岚山头禁渔区内侧水域（黄家塘湾、胶州湾、鳌山湾、丁字湾、乳山湾湾、五垒岛湾、靖海湾、桑沟湾、烟威北部近海等）	≥30	120 000	120 000	700
1995	桑沟湾至黄家塘湾（黄家塘湾、胶州湾、崂山湾、丁字湾、乳山湾、五垒岛湾、靖海湾、桑沟湾等）	≥30	80 000	35 000	262.5
1996	桑沟湾至黄家塘湾（黄家塘湾、胶州湾、崂山湾、丁字湾、乳山湾、五垒岛湾、靖海湾、桑沟湾等）	≥30	80 000	30 271	227.03
1997	桑沟湾至黄家塘湾（黄家塘湾、胶州湾、崂山湾、丁字湾、乳山湾、五垒岛湾、靖海湾、桑沟湾等）	≥30	60 000	37 807	283.55
1998	桑沟湾至黄家塘湾（黄家塘湾、胶州湾、丁字湾、乳山湾、五垒岛湾、靖海湾、桑沟湾等）	≥30	40 000	27 447	205.85
1999	桑沟湾至黄家塘湾（黄家塘湾、胶州湾、丁字湾、乳山湾、五垒岛湾、靖海湾、桑沟湾等）	≥25	35 000	32 863	480
2000	桑沟湾至黄家塘湾（黄家塘湾、胶州湾、丁字湾、乳山湾、五垒岛湾、靖海湾、桑沟湾等）	≥25	31 000	31 775	254.2
2001	桑沟湾至黄家塘湾（黄家塘湾、胶州湾、丁字湾、乳山湾、五垒岛湾、靖海湾、桑沟湾等）	≥25	35 000	33 519	268.2

年份	主要增殖区域	苗种规格（体长，毫米）	计划增殖放流数量（万尾）	实际增殖放流数量（万尾）	投入资金（万元）
2002	桑沟湾至黄家塘湾（黄家塘湾、胶州湾、丁字湾、乳山湾、五垒岛湾、靖海湾、桑沟湾等）	≥25	30 000	14 782	283.55
2003	桑沟湾至黄家塘湾（黄家塘湾、胶州湾、丁字湾、乳山湾、五垒岛湾、靖海湾、桑沟湾等）	≥25	18 000	17 643	278.76
2004	桑沟湾至黄家塘湾（黄家塘湾、胶州湾、丁字湾、乳山湾、五垒岛湾、靖海湾、桑沟湾等）	≥25	20 000	20 509	323.9
2005	桑沟湾至黄家塘湾（黄家塘湾、胶州湾、丁字湾、乳山湾、五垒岛湾、靖海湾、桑沟湾等）	≥25	20 000	19 056	301.23
2006	桑沟湾至黄家塘湾（黄家塘湾、胶州湾、丁字湾、乳山湾、五垒岛湾、靖海湾、桑沟湾等）	≥25	29 500	26 078	474
2007	山南、渤海（黄家塘湾、胶州湾、丁字湾、乳山湾、五垒岛湾、靖海湾、桑沟湾、莱州湾、渤海湾等）	≥25	70 900	62 948	1 016
2008	山南、渤海（黄家塘湾、胶州湾、丁字湾、乳山湾、五垒岛湾、靖海湾、桑沟湾、莱州湾、渤海湾等）	≥25	55 500	60 226	995.06
2009	乳山湾、黄家塘湾	≥10	20 000	29 649	200
	胶州湾、丁字湾、五垒岛湾、靖海湾、桑沟湾等	≥25	85 000	86 386	1 668
2010	黄家塘湾、乳山湾、莱州湾	≥10	50 000	73 544	638
	胶州湾、丁字湾、五垒岛湾、靖海湾、桑沟湾、莱州湾、渤海湾等	≥25	90 000	102 974	1 502
2011	黄家塘湾、乳山湾、莱州湾	≥10	40 000	74 653	660
	胶州湾、丁字湾、五垒岛湾、靖海湾、桑沟湾、莱州湾、渤海湾等	≥25	105 000	112 885	1 900

年份	主要增殖区域	苗种规格（体长，毫米）	计划增殖放流数量（万尾）	实际增殖放流数量（万尾）	投入资金（万元）
2012	丁字湾、塔岛湾、莱州湾、黄家塘湾、乳山湾、五垒岛湾	≥10	110 000	119 962	1 034.59
	胶州湾、丁字湾、五垒岛湾、靖海湾、莱州湾、渤海湾等	≥25	140 000	149 651	3 117
2013	黄家塘湾、丁字湾、乳山湾、塔岛湾、五垒岛湾、莱州湾	≥10	120 000	126 852.6	1 081.05
	胶州湾、丁字湾、五垒岛湾、靖海湾、莱州湾、渤海湾等	≥25	145 000	143 960.3	3 167.47
2014	黄家塘湾、黄岛近海、丁字湾、乳山湾、塔岛湾、五垒岛湾、莱州湾等	≥10	211 000	195 116.1	2 472.65
	胶州湾、丁字湾、五垒岛湾、靖海湾、莱州湾、渤海湾等	≥25	132 000	142 501	2 904
2015	黄家塘湾、棋子湾、胶州湾、丁字湾、乳山湾、塔岛湾、靖海湾、莱州湾等	≥10	287 811.5	313 793.9	3 015
	五垒岛湾、莱州湾、渤海湾	≥25	115 806.9	119 027.4	2 543.75
2016	黄家塘湾、棋子湾、胶州湾、丁字湾、乳山湾、塔岛湾、靖海湾、莱州湾等	≥10	189 808.66	201 796.64	1 624
	五垒岛湾、莱州湾、渤海湾	≥25	126 006.09	131 035.23	2 898
2017	黄家塘湾、棋子湾、胶州湾、丁字湾、乳山湾、塔岛湾、靖海湾、莱州湾等	≥10	151 556	233 842	1 367.6
	五垒岛湾、莱州湾、渤海湾	≥25	143 260	143 746.7	3 295
2018	黄家塘湾、乳山湾、塔岛湾、丁字湾、五垒岛湾、靖海湾、莱州湾以及烟台海阳、牟平、日照涛雒等地近海	≥10	154 041.03	231 209.27	1 842.5
	莱州湾、渤海湾	≥25	145 215.1	137 277.19	3 305.63

年份	主要增殖区域	苗种规格（体长，毫米）	计划增殖放流数量（万尾）	实际增殖放流数量（万尾）	投入资金（万元）
2019	黄家塘湾、丁字湾、乳山湾、塔岛湾、五垒岛湾、靖海湾、莱州湾以及烟台海阳、牟平、日照涛雒等地近海	≥10	192 738	175 983	1 893
	五垒岛湾、莱州湾、渤海湾	≥25	85 453	82 789	1 882
2020	黄家塘湾、乳山湾、塔岛湾、丁字湾、五垒岛湾、靖海湾、莱州湾以及烟台海阳、牟平、日照涛雒等地近海	≥10	432 646	444 638	3 908
	莱州湾、渤海湾	≥25	122 469	133 627	2 531
2021	黄家塘湾、丁字湾、乳山湾、塔岛湾、白沙、五垒岛湾、靖海湾、莱州湾以及日照东港、烟台牟平、海阳等地近海	≥10	359 731.04	182 839.95	3 831.10
	莱州湾、渤海湾	≥25	112 643	118 647.35	2 782.26
合计	—	—	5 319 085.32	5 444 834.86	70 022.42

注：①不含原黄海区渔政分局（黄海区渔业指挥部）渤海中国对虾增殖放流数量。②1987年因苗种短缺增殖放流暂停一年。③2021年度因油补资金落实较晚，威海、日照、潍坊等地部分项目当年未实施，年度增殖放流数量远低于年度计划。

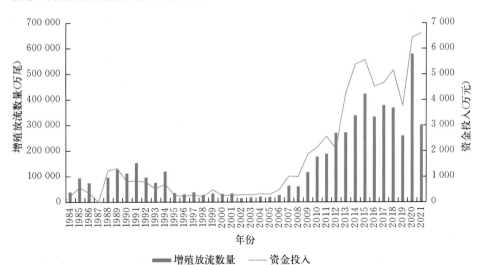

图 3-21　山东省中国对虾增殖放流数量与投入资金情况（1984—2021年）

起步发展阶段（1981—1993 年），全省共投入资金约 0.73 亿元，累计增殖放流体长 30 毫米以上大规格苗种数量 98.65 亿尾，直接投入产出比为 1：7.9，其中年均投入资金约 664.09 万元，年均增殖放流数量约 8.97 亿尾；低速徘徊阶段（1994—2004 年），全省共投入资金约 0.29 亿元，累计增殖放流体长 25 毫米以上大规格苗种数量约 28.16 亿尾，直接投入产出比为 1：30，其中年均投入资金仅为 286.75 万元，年均增殖放流数量仅为 2.82 亿尾，增殖放流资金规模断崖式下降；快速发展阶段（2005—2014 年），全省共投入资金约 2.31 亿元，累计增殖放流数量约 152.64 亿尾（其中体长 10 毫米以上小规格苗种约 61.98 亿尾，体长 25 毫米以上大规格苗种约 90.66 亿尾），直接投入产出比为 1：12，其中年均投入资金约 2 313.11 万元，年均增殖放流数量约 15.26 亿尾；效益下滑阶段（2015—2021 年），全省共投入资金约 3.67 亿元，累计增殖放流数量约 265.03 亿尾（其中小规格苗种约 178.41 亿尾，大规格苗种约 86.62 亿尾），直接投入产出比仅为 1：2.3，其中年均投入资金约 5 245.55 万元，年均增殖放流数量约 37.86 亿尾，2020 年达到创纪录的 57.83 亿尾，详见表 3-20。

表 3-20　山东省中国对虾增殖放流 4 个发展阶段主要情况对比（1984—2021 年）

四个发展阶段	投入资金（万元）	增殖放流数量（万尾）	年均投入（万元）	年均增殖放流数量（万尾）	回捕产量（吨）	实现产值（万元）	投入产出比
起步发展阶段（1981—1993 年）	7 304.99	986 524.23	664.09	89 684.02	15 750	57 504	1：7.9
低速徘徊阶段（1994—2004 年）	2 867.54	281 616	286.75	28 161.6	8 452.5	87 130	1：30
快速发展阶段（2005—2014 年）	23 131.05	1 526 442	2 313.11	152 644.2	24 490.7	284 733	1：12
效益下滑阶段（2015—2021 年）	36 718.84	2 650 252.63	5 245.55	378 607.52	6 763.91	83 586.68	1：2.3
合计	70 022.42	5 444 834.86	—	—	55 457.11	512 953.68	1：7.3

除山东省独自开展的增殖放流外，原黄海区渔政分局（黄海区渔业指挥部）从 1985 年开始，连续近十年在渤海山东近海（滨州近海至莱州近海）开展了中

国对虾生产性增殖放流。据不完全统计，1985—1993 年，累计在渤海山东近海增殖放流体长 30 毫米以上中国对虾苗种约 32.32 亿尾，详见表 3-21。

表 3-21　山东渤海中国对虾增殖放流基本情况（1985—1993 年）

年　份	主要增殖区域	增殖放流数量（万尾）	苗种规格（体长，毫米）
1985	莱州、寿光、滨海、昌邑等地近海	26 336.13	≥30
1986	莱州、寿光、滨海、昌邑、垦利等地近海	42 736.9	≥30
1987	—	0	苗种短缺、停放一年
1988	寿光、滨海、无棣等地近海	9 119.6	≥30
1989	莱州、寿光、滨海、昌邑、广饶、垦利、沾化、利津、无棣等地近海	32 321.28	≥30
1990	莱州、广饶、垦利、沾化、无棣等地近海	55 975.3	≥30
1991	莱州、寿光、滨海、昌邑、广饶、垦利、河口、沾化、无棣等地近海	107 919.7	≥30
1992	莱州、寿光、滨海、垦利、河口、无棣、沾化等地近海	23 900	≥30
1993	寿光、滨海、垦利、无棣、沾化等地近海	24 907.26	≥30
合计	—	323 216.17	

（3）空间分布。1984—1994 年，山东省中国对虾增殖放流区域在蓬莱灯塔至岚山头底拖网禁渔线内侧水域，后因山东省半岛北部增殖放流效果不理想，1995 年暂停；2006 年增殖区域调整到荣成成山角至日照绣针河口之间禁渔线内侧海域；2007 年渤海山东近海被纳入山东省增殖放流区域；2009 年开始在乳山湾、黄家塘湾开展小规格中国对虾增殖放流试验，并逐步将增殖区域拓展到黄家塘湾、胶州湾、丁字湾、乳山湾、塔岛湾、五垒岛湾、靖海湾以及莱州湾东部、南部等。目前，大规格中国对虾增殖放流仅在暂养池较充裕的渤海湾、莱州湾西部开展。

截至 2021 年，大规格中国对虾增殖放流数量最多的海域是渤海湾滨州近海，为 33.12 亿尾，其次是五垒岛湾、莱州湾东营近海，分别为 32.21 亿尾、29.47 亿尾；小规格中国对虾增殖放流数量最多的海域是莱州湾莱州近海，为

37.57 亿尾，其次是黄家塘湾、丁字湾，分别为 22.14 亿尾、21.94 亿尾，详见表 3-22、表 3-23、图 3-22、图 3-23。

表 3-22　山东省主要增殖区域大规格中国对虾增殖放流数量（1984—2021 年）

主要增殖海域	增殖放流数量（亿尾）	主要增殖海域	增殖放流数量（亿尾）	主要增殖海域	增殖放流数量（亿尾）
渤海湾滨州近海	33.12	五垒岛湾	32.21	莱州湾东营近海	29.47
莱州湾昌邑近海	29.22	渤海湾东营近海	29.21	胶州湾	24.56
丁字湾	22.60	靖海湾	21.33	莱州湾滨海近海	16.56
黄家塘湾	13.83	桑沟湾	10.16	乳山湾	9.65
威海北部近海	4.32	烟台牟平、高区近海	3.96	鳌山湾	3.87
塔岛湾	2.00	烟台芝罘、莱山近海	1.81	双岛湾	1.44
灵山湾	1.40	莱州湾寿光近海	1.26	烟台蓬莱、开发区近海	0.72
崂山湾	0.48				

注：不含原黄海区渔政分局（黄海区渔业指挥部）在山东渤海增殖放流数量以及 2016 年后青岛市中国对虾增殖放流数量。

表 3-23　山东省主要增殖区域小规格中国对虾增殖放流数量（2009—2021 年）

主要增殖海域	增殖放流数量（亿尾）	主要增殖海域	增殖放流数量（亿尾）	主要增殖海域	增殖放流数量（亿尾）
莱州湾莱州近海	37.57	黄家塘湾	22.14	丁字湾	21.94
靖海湾	15.48	乳山湾	14.32	五垒岛湾	11.11
塔岛湾	9.96	海阳近海	7.22	渤海湾东营近海	5.63
渤海湾滨州近海	5.22	莱州湾昌邑近海	5.13	烟台牟平、高区近海	4.63
日照东港近海	3.91	胶州湾	3.24	莱州湾滨海近海	2.60
莱州湾寿光近海	1.38	莱州湾东营近海	1.24		

注：不含 2016 年后青岛市中国对虾增殖放流数量。

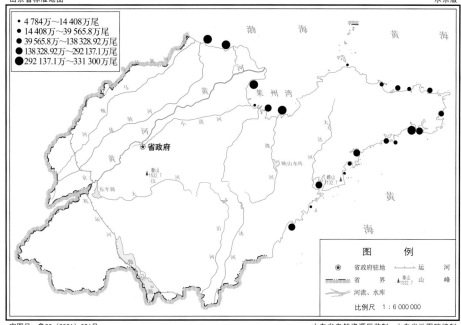

审图号：鲁SG（2021）026号　　　　　　　　　　　　　山东省自然资源厅监制　山东省地图院编制

图3-22　山东省大规格中国对虾增殖放流数量空间分布图（1984—2021年）

（4）放流技术。目前，制定有行业标准《水生生物增殖放流技术规范 中国对虾》（SC/T 9419—2015）及山东省地方标准《中国对虾放流增殖技术规范》（DB37/T 704—2007），明确了中国对虾增殖放流的海域条件、本底调查、放流物种质量、检验、放流时间、放流操作、放流资源保护与监测、效果评价等技术要点。

① 大规格中国对虾苗种增殖放流。1999年之前，大规格中国对虾增殖放流苗种体长为≥30毫米；1999年之后，为降低苗种染病风险及培育成本，将苗种规格调整为体长≥25毫米。

大规格中国对虾需经池塘中间暂养，达到规格后再开闸增殖放流，计数方法起初采用全部干称法，即将所有暂养池增殖放流虾苗全部沥干称重，得到总重量，再根据千克重尾数求出增殖放流苗种总数量。这一方法计数相对较准确，但劳动强度很大，且虾苗极易受到机械损伤，全部干称仅机械死亡率就高达15％以上。为提高工作效率及苗种入海成活率，1998年山东省开始创新采用干称、评估相结合的计数法，即根据池塘对虾起跳情况，结合天气、暂养池条件等因素综合评估虾苗密度系数，再选取密度适宜、有代表性的池塘进行全

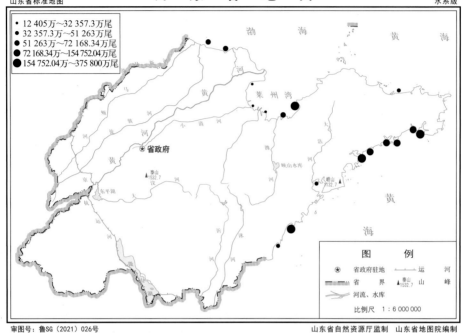

审图号：鲁SG（2021）026号　　　　　　　　　　山东省自然资源厅监制　山东省地图院编制

图 3-23　山东省小规格中国对虾增殖放流数量空间分布图（2009—2021 年）

部干称，根据干称结果推算其他池塘虾苗数量，该方法准确率较高，操作简便，对苗种伤害较小。大规格中国对虾苗种评估验收见图 3-24，大规格中国对虾苗种干称验收见图 3-25。

图 3-24　大规格中国对虾苗种评估验收

图 3-25 大规格中国对虾苗种干称验收

② 小规格中国对虾苗种增殖放流。小规格中国对虾苗种装袋、充氧后，通过车船运至指定海域增殖放流；计数方法采用抽样重量法。

③ 大小规格苗种增殖放流效果对比。早在 1993 年，山东省就开展过小规格中国对虾增殖放流试验。近年来，大小规格中国对虾苗种增殖放流效果对比研究较多，结论不一，但多数研究认为大规格苗种增殖放流效果要好于小规格苗种，如：2014 年渤海湾南部与莱州湾资源跟踪调查显示，大规格、小规格中国对虾增殖放流区域内中国对虾密度（单位捕捞努力量渔获量）分别为 1.36～4.58 尾/小时、0～0.2 尾/小时，大规格密度明显高于小规格；2013 年五垒岛湾中国对虾增殖资源跟踪调查显示，大、小规格中国对虾苗种增殖放流 30 日后成活率分别为 1.02%、0.39%，群体贡献率分别为 72.38%、23.81%，但大规格苗种价格约为小规格苗种的 2.5 倍，若综合考虑成本因素，两个规格苗种的经济回报率则相差不大。

3. 存在的主要问题。 一是大规格中国对虾增殖放流面临严峻挑战。近年来，沿海开发建设侵占大量虾池，海参养殖也占用大量优质虾池，中国对虾暂养池越来越紧缺，价格也越来越高，导致暂养成本大幅提升。有的供苗单位为提升亩产效益，部分暂养虾池兼养海参、贝类等，导致虾苗很难全部排出。虾苗开闸放流后，由于多数虾池入海通道蜿蜒漫长，虾苗一般会在入海通道内逗留较长时间，当地渔业主管部门也很难全方位、全过程监管，虾苗顺利入海存在很大隐患。二是高强度捕捞严重削弱了增殖放流效果。据了解，春季部分捕捞渔船随虾群洄游路线灭绝式捕捞产卵亲体，洄游亲体很难进入渤海产卵，进而无法形成充足自然补充群体，这在很大程度上削弱了增殖放流的真实效果，增殖放流不可避免沦为"大养殖"。

4. 增殖放流效果。 1984—1993 年，山东省连续十年开展中国对虾幼虾资源调查及渔场分析等工作；1994—2000 年，因故中断；2001 年后，重新恢复这项工作。

（1）资源贡献率。通过多年持续增殖放流，自然资源大幅衰退的中国对虾不仅保住了种，而且资源量大幅增加，近海中国对虾资源群体在一定程度上得到补充，曾经枯竭的中国对虾又重新形成了稳定秋季渔汛，近海捕捞渔民增产增收明显，无论是广大渔民还是业内专家均对中国对虾增殖放流工作给予充分肯定和高度评价。效果评价结果显示，2012—2014 年，当年增殖放流中国对虾约占全省近海中国对虾总资源量的 94.56%。

（2）回捕率。1984—1986 年，山东省水产局组织有关科研单位在桑沟湾、五垒岛湾、乳山湾、丁字湾和胶州湾等海域开展了中国对虾生产性试验研究，采用挂牌法测算增殖中国对虾幼虾年均回捕率约为 6.71%；2012 年，中国水产科学研究院黄海水产研究所评估胶州湾中国对虾仔虾增殖放流群体的回捕率为 2.7%。

（3）碳汇效益。按照碳汇渔业的原理，增殖放流和回捕中国对虾增殖资源可从水体中移除大量的碳、氮、磷。移除量计算公式：净移除碳量 $= \sum$ [（中国对虾回捕产量－增殖放流数量×增殖放流个体平均重量）×生物体碳含量]；净移除氮量 $= \sum$ [（中国对虾回捕产量－增殖放流数量×增殖放流个体平均重量）×生物体氮含量]；净移除磷量 $= \sum$ [（中国对虾回捕产量－增殖放流数量×增殖放流个体平均重量）×生物体磷含量]。实验结果表明，中国对虾碳、氮、磷含量约为湿重的 8%、1.5%、0.2%。经测算，1984—2021 年，全省通过回捕增殖中国对虾累计从近海移除碳 3 788.95 吨、氮 710.43 吨、磷 94.72 吨，移除碳量相当于 997.09 公顷森林一年的固碳量。

（4）经济效益。中国对虾增殖放流经济效益十分显著。据不完全统计，1984—2021 年，全省秋汛共回捕增殖放流中国对虾产量约 5.55 万吨，创产值约 51.30 亿元，实现利润约 27.48 亿元，直接投入产出比达 1 : 7.3，见表 3 - 24、图 3 - 26。目前，回捕中国对虾增殖放流资源已成为山东省近海捕捞渔民的重要收入来源之一。

表 3 - 24　山东省增殖中国对虾回捕生产情况（1984—2021 年）

年份	投入资金（万元）	回捕产量（吨）	回捕产值（万元）	实现利润（万元）	直接投入产出比
1984	227.03	1 200	1 920	1 046	1 : 8
1985	569.76	2 500	4 000	2 180	1 : 7
1986	344.23	1 500	2 400	1 308	1 : 7
1987					
1988	1 233.26	2023	7 080	3 858	1 : 6
1989	1 319.42	1 600	4 800	2 616	1 : 4
1990	799.99	2 500	9 000	4 904	1 : 11
1991	829.96	1 500	6 000	3 270	1 : 7
1992	767.47	1 477	4 554	2 482	1 : 6
1993	513.87	350	3 500	1 907	1 : 7
1994	700	1 100	14 250	7 765	1 : 20
1995	262.5	392	4 312	2 350	1 : 16
1996	227.03	390	4 290	2 338	1 : 19
1997	283.55	943	9 430	5 139	1 : 33
1998	205.85	827	8 270	4 507	1 : 35
1999	480	890.5	9 796	5 338	1 : 35
2000	254.2	884	12 376	6 744	1 : 46
2001	268.2	1 378	14 000	7 629	1 : 52
2002	283.55	602	4 816	2 624	1 : 19
2003	278.76	1 336	13 360	7 280	1 : 48
2004	323.9	810	6 480	3 531	1 : 20
2005	301.23	1 088.8	12 930	7 046	1 : 43
2006	474	1 354	12 537	6 832	1 : 26
2007	1 016	3 324	39 151	19 521	1 : 39
2008	995.06	1 352	13 820.8	7 050.18	1 : 14
2009	1 868	1 355.1	14 800	9 433	1 : 12
2010	2 140	3 798.7	45 328	28 033	1 : 21

年份	投入资金 （万元）	回捕产量 （吨）	回捕产值 （万元）	实现利润 （万元）	直接投入 产出比
2011	2 560	2 930	41 629	23 881	1∶16
2012	4 151.59	3 478.27	46 853.75	26 007.43	1∶11
2013	4 248.52	2 905	39 736.6	21 779.9	1∶9
2014	5 376.65	2 904.82	17 946.71	9 738.1	1∶3
2015	5 508.75	880.7	11 209.09	5 986.07	1∶2
2016	4 572	1 280.76	16 268.41	6 220.72	1∶3.6
2017	4 662.6	1 211.15	15 914.18	7 275.63	1∶3.4
2018	5 148.13	1 292.3	16 386	4 463.2	1∶3.2
2019	3 775	762	5 706	3 100	1∶1.5
2020	6 439	761	9 231	5 000	1∶1.4
2021	6 613.36	576	8 872	4 577.31	1∶1.3
合计	70 022.42	55 457.1	512 953.54	274 760.54	1∶7.3

注：利润未统计年份，按照统计年份累计利润与累计产值的比例求得。

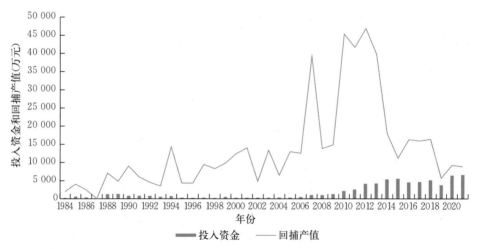

图 3 - 26　山东省中国对虾增殖放流资金投入与回捕产值情况（1984—2021 年）

二、三疣梭子蟹

1. 增殖生物学。三疣梭子蟹属甲壳纲（Crustacea）、十足目（Decapoda）、梭子蟹科（Portunidae）、梭子蟹属（*Portunus*），俗称梭子蟹、枪蟹、海螃蟹、海蟹、飞蟹，见图 3-27。暖温性大型蟹类，广布于日本、朝鲜、马来群岛、红海以及我国的广西、广东、福建、浙江、山东半岛、渤海湾、辽东半岛等地，是我国沿海重要的经济蟹类和增养殖物种。栖息在水深 10～50米海域，在 10～30 米泥沙底质的海域最密集，一般不做长距离洄游。白天多潜伏海底，夜间出来觅食，具有明显趋光性。最适水温为 15.5～26 ℃，最适盐度为 20～35。雌雄异体，一般寿命为 2 年，极少超过 3 年。属杂食性动物，主要摄食贝肉、鲜杂鱼、小杂虾等，也摄食水藻嫩叶、海生动物尸体以及腐烂的水生植物等。

图 3-27　三疣梭子蟹

三疣梭子蟹具有生命周期短、世代交替快、性成熟早、繁殖能力强、生长迅速等特点，当年生蟹即可秋汛捕捞，翌年春季可产卵繁殖，资源补充迅速，恢复能力较强，是理想增殖放流物种。

2. 增殖放流概况。

（1）发展历程。三疣梭子蟹是山东省增殖放流时间较早、投入较多、规模较大、范围最广、效益最好的物种之一，其增殖放流历程可分为两个阶段，即试验性增殖放流阶段（1995—2004 年）、生产性增殖放流阶段（2005—2021年）。1995—2021 年，全省共投入资金约 3.81 亿元，累计增殖放流二期稚蟹苗种约 46.74 亿只，详见表 3-25、表 3-26，图 3-28。

表 3 - 25　山东省三疣梭子蟹增殖放流基本情况（1995—2021 年）

年份	主要增殖区域	苗种规格 （稚蟹二期）	计划增殖 放流数量 （万只）	实际增殖 放流数量 （万只）	投入资金 （万元）
1995	文登北海等地近海	增殖试验	—	26.28	22
1996	文登北海等地近海	增殖试验	—	—	10
1997	文登北海、滨州无棣等地近海	增殖试验	—	140	8
1998	北海等地近海	增殖试验	—	—	10
1999	莱州等地近海	增殖试验	—	89.82	20
2000	莱州等地近海	增殖试验	—	107	5
2001	莱州等地近海	增殖试验	—	200	45
2002	潍坊等地近海	增殖试验	—	11	6
2003	潍坊等地近海	增殖试验	—	112	9.8
2004	黄家塘湾、莱州湾及青岛近海	增殖试验	—	65.1	20
2005	黄家塘湾、鳌山湾、塔岛湾、莱州湾等	稚蟹二期	4 000	4 091.92	320
2006	黄家塘湾、丁字湾、乳山湾、白沙湾、五垒岛湾、莱州湾、渤海湾等	稚蟹二期	14 000	13 896	1 120
2007	黄家塘湾、丁字湾、乳山湾、五垒岛湾、莱州湾、渤海湾等	稚蟹二期	17 000	18 225	1 409.76
2008	黄家塘湾、崂山湾、丁字湾、乳山湾、五垒岛湾、靖海湾、莱州湾、渤海湾等	稚蟹二期	16 500	20 860	1 506.4
2009	黄家塘湾、崂山湾、鳌山湾、丁字湾、乳山湾、五垒岛湾、靖海湾、莱州湾、渤海湾等	稚蟹二期	22 900	22 660	1 832
2010	黄家塘湾、胶州湾、崂山湾、丁字湾、乳山湾、塔岛湾、五垒岛湾、靖海湾、莱州湾、渤海湾等	稚蟹二期	20 000	23 846	1 766
2011	黄家塘湾、胶州湾、崂山湾、丁字湾、乳山湾、塔岛湾、五垒岛湾、靖海湾、莱州湾、渤海湾等	稚蟹二期	21 000	27 080	1 880

年份	主要增殖区域	苗种规格 （稚蟹二期）	计划增殖 放流数量 （万只）	实际增殖 放流数量 （万只）	投入资金 （万元）
2012	岚山近海、涛雒近海、黄家塘湾、胶州湾、鳌山湾、横门湾、丁字湾、乳山湾、塔岛湾、五垒岛湾、靖海湾、朝阳湾、石岛湾、威海湾、养马岛湾、套子湾、莱州湾、渤海湾等	稚蟹二期	29 600	32 178	2 736.7
2013	岚山近海、涛雒近海、黄家塘湾、胶州湾、鳌山湾、横门湾、丁字湾、乳山湾、塔岛湾、五垒岛湾、靖海湾、朝阳湾、石岛湾、威海湾、养马岛湾、套子湾、莱州湾、渤海湾等	稚蟹二期	31 425	32 578.3	2 828.25
2014	岚山近海、涛雒近海、黄家塘湾、胶州湾、鳌山湾、横门湾、丁字湾、乳山湾、塔岛湾、五垒岛湾、靖海湾、朝阳湾、石岛湾、威海湾、养马岛湾、套子湾、莱州湾、渤海湾等	稚蟹二期	33 675	35 453.4	3 009.2
2015	岚山近海、涛雒近海、黄家塘湾、胶州湾、崂山湾、鳌山湾、丁字湾、乳山湾、塔岛湾、五垒岛湾、靖海湾、石岛湾、朝阳港、威海湾、养马岛近海、蓬莱海峡、莱州湾、渤海湾等	稚蟹二期	30 411	31 764.6	2 354.5
2016	岚山近海、涛雒近海、黄家塘湾、丁字湾、乳山湾、塔岛湾、五垒岛湾、靖海湾、石岛湾、朝阳港、威海湾、养马岛近海、蓬莱海峡、莱州湾、渤海湾等	稚蟹二期	30 354.53	35 351.18	2 744
2017	岚山近海、涛雒近海、黄家塘湾、丁字湾、乳山湾、塔岛湾、五垒岛湾、靖海湾、石岛湾、朝阳港、威海湾、养马岛近海、蓬莱海峡、莱州湾、渤海湾等	稚蟹二期	31 067	39 430.1	2 798.25

年份	主要增殖区域	苗种规格（稚蟹二期）	计划增殖放流数量（万只）	实际增殖放流数量（万只）	投入资金（万元）
2018	黄家塘湾、丁字湾、乳山湾、塔岛湾、五垒岛湾、靖海湾、石岛湾、朝阳港、阴山湾、莱州湾、渤海湾以及烟台开发区、蓬莱、牟平、海阳、日照岚山、涛雒等地近海	稚蟹二期	31 685.27	36 952.80	3 057.6
2019	黄家塘湾、丁字湾、乳山湾、塔岛湾、五垒岛湾、靖海湾、石岛湾、朝阳港、阴山湾、莱州湾、渤海湾以及烟台开发区、蓬莱、牟平、海阳、日照岚山、涛雒等地近海	稚蟹二期	27 333	25 461	2 630
2020	黄家塘湾、丁字湾、乳山湾、塔岛湾、五垒岛湾、靖海湾、石岛湾、朝阳港、阴山湾、莱州湾、渤海湾以及烟台开发区、蓬莱、牟平、海阳、日照岚山、涛雒等地近海	稚蟹二期	42 619	44 753	3 428
2021	黄家塘湾、丁字湾、乳山湾、塔岛湾、五垒岛湾、靖海湾、石岛湾、朝阳港、威海湾、阴山湾、莱州湾、渤海湾以及日照岚山、东港、烟台开发区、牟平、蓬莱、海阳等地近海	稚蟹二期	26 225.62	22 058.69	2 531.63
合计	—	—	429 795.42	467 391.19	38 108.09

表 3-26　山东省三疣梭子蟹增殖放流两个发展阶段主要情况对比（1995—2021 年）

发展阶段	投入资金（万元）	增殖放流数量（万单位）	年均投入（万元）	年均增殖放流数量（万单位）
试验性增殖放流阶段（1995—2004 年）	155.8	751.2	15.58	75.12
生产性增殖放流阶段（2005—2021 年）	37 952.29	466 639.99	2 232.49	27 449.41
合计	38 108.09	467 391.19	—	—

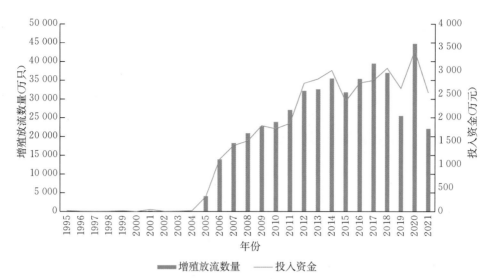

图 3-28　山东省三疣梭子蟹增殖放流数量与投入情况（1995—2021 年）

① 试验性增殖放流阶段。1995—2004 年，山东省持续十年开展三疣梭子蟹良种化繁育及放流试验，共投入资金约 140.8 万元，累计试验放流二期稚蟹苗种约 726.27 万只，年均投入资金约 15.58 万元，年均试验放流数量约为 75.12 万只。其中，1995—1997 年，文登市北海海洋水产资源增殖站在威海文登市初村沿岸开展了三疣梭子蟹放流试验，并通过潜水员水下调查、渔民捕捞生产陆地走访等手段，初步评估了三疣梭子蟹增殖放流效果。1999—2004 年，潍坊、莱州等地连续数年开展三疣梭子蟹放流试验，其中潍坊市水产研究所成立了渤海梭子蟹良种基地，专门开展三疣梭子蟹良种化繁育及增殖放流试验工作。经过十年不间断试验探索，初步验证了三疣梭子蟹增殖放流的必要性、可行性，明确了增殖放流的最佳时间、最优规格等关键技术，为后续三疣梭子蟹生产性增殖放流打下了坚实基础。

② 生产性增殖放流阶段。2005 年，山东省开始三疣梭子蟹生产性增殖放流，省级补贴 40%，地方配套 60%。2008 年，三疣梭子蟹被纳入省全额投资增殖放流物种。2005—2021 年，全省共投入资金约 3.80 亿元，累计增殖放流二期稚蟹苗种约 46.67 亿只，年均投入资金约 2 232.49 万元，年均增殖放流数量约为 2.75 亿只，其中 2005 年最少，为 4 091 万只；2020 年达到峰值，为 4.76 亿只。近 20 年持续增殖放流实践发现，当年全省三疣梭子蟹增殖放流规模超过 3 亿只时，秋汛回捕的三疣梭子蟹丰满度往往不高，分析原因可能是三

疣梭子蟹增殖放流数量超过了最佳生态容量，故近年来山东省三疣梭子蟹的增殖放流规模一般控制在稚蟹二期苗种3亿只左右。

（2）空间分布。2005年以来，三疣梭子蟹增殖放流海域主要集中在莱州湾、渤海湾、胶州湾、黄家塘湾、五垒岛湾、丁字湾、乳山湾、靖海湾、崂山湾、塔岛湾、海阳近海、蓬莱近海、涛雒近海、石岛湾、朝阳湾、鳌山湾、养马岛湾、威海湾、横门湾、套子湾、虎山近海和岚山近海等海域，其中增殖放流数量最多的是黄家塘湾，约为3.66亿只，其次是莱州湾莱州近海、莱州湾昌邑近海，分别约为3.59亿只、3.49亿只，详见表3-27、图3-29。

表3-27　山东省主要增殖海域三疣梭子蟹增殖放流数量（2005—2021年）

增殖海域	增殖放流数量（万只）	增殖海域	增殖放流数量（万只）	增殖海域	增殖放流数量（万只）
黄家塘湾	36 613.08	莱州湾莱州近海	35 896.23	莱州湾昌邑近海	34 874.47
渤海湾滨州近海	27 784.57	渤海湾东营近海	26 577.1	五垒岛湾	26 371.64
莱州湾滨海近海	25 197.57	莱州湾东营近海	22 708.78	丁字湾	20 725.45
烟台蓬莱、开发区近海	18 030.46	乳山湾	16 871.91	靖海湾	15 446.03
莱州湾寿光近海	11 445.86	塔岛湾	9 877.65	莱州湾招远近海	9 455.64
日照东港近海	8 149.54	海阳近海	7 608.43	威海北部近海	7 259.01
日照岚山近海	6 179.45	崂山湾	6 119.8	石岛湾	5 849.04
荣成北部近海	5 841.03	烟台牟平、高新区近海	4 947.03	胶州湾	2 732
烟台长岛近海	1 650	鳌山湾	1 547.5	白沙湾	750

注：不含2016年后青岛市三疣梭子蟹增殖放流数量。

（3）放流技术。目前，制定有行业标准《水生生物增殖放流技术规范　三疣梭子蟹》（SC/T 9415—2014）及山东省地方标准《三疣梭子蟹放流增殖技术规范》（DB37/T 715—2007），明确了三疣梭子蟹增殖放流的海域条件、本底调查，放流物种质量、检验，放流时间，放流操作，放流资源保护与监测、效果评价等技术要点。山东省近海三疣梭子蟹增殖放流一般在5月底至6月中旬，底层水温12℃以上时进行。三疣梭子蟹苗种具有自残习性，为减少苗种自残，提高苗种成活率，要求用经海水浸泡透的稻糠作为包装附着基。

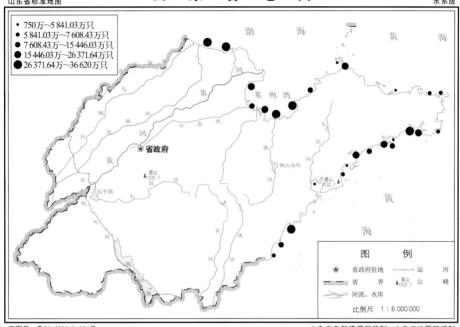

图 3-29　山东省三疣梭子蟹增殖放流数量空间分布图（2005—2021 年）

3. 增殖放流效果。

（1）资源贡献率及回捕率。2012—2014 年，原山东省水生生物资源养护管理中心组织中国海洋大学、原山东省海洋水产研究所、烟台大学等单位开展了"山东省三疣梭子蟹增殖放流效果评价"专项研究。效果评价结果显示，当年增殖放流的三疣梭子蟹约占全省近海三疣梭子蟹总资源量的38.65%；莱州湾及渤海湾南部海域总回捕率为 25.0%，山南海域总回捕率为 20.2%，烟威渔场海域总回捕率为 6.8%，三疣梭子蟹资源量增加效果明显。

（2）碳汇效益。根据渔业碳汇原理，三疣梭子蟹生长能够摄取自然海域中的碳、氮、磷。试验结果表明，三疣梭子蟹体内碳、氮、磷含量约为湿重的8%、1.5%、0.2%。经初步测算，2005—2021 年，全省回捕增殖三疣梭子蟹累计移除碳 14 752.77 吨、氮 2 766.14 吨、磷 368.82 吨，在一定程度上降低了增殖海区富营养化。

（3）经济效益。三疣梭子蟹增殖放流的经济效益非常显著，近海捕捞渔民增产增收十分明显。据不完全统计，2005—2021年，全省秋汛累计回捕增殖三疣梭子蟹约18.78万吨，创产值约109.36亿元，实现利润约59.62亿元，直接投入产出比为1：28.9。其中，2012年产值最高，为10.36亿元，2011年投入产出比最高，为1：48.3，详见表3-28、图3-30。

表3-28　山东省增殖三疣梭子蟹回捕生产情况（2005—2021年）

年份	投入资金（万元）	回捕产量（吨）	回捕产值（万元）	实现利润（万元）	直接投入产出比
2005	320	1 968.6	11 694.6	6 374.79	1：36.5
2006	1 120	6 992	30 100	16 407.67	1：26.9
2007	1 409.76	9 934	54 718	25 164	1：38.8
2008	1 506.4	13 271.6	58 792.4	31 883.05	1：39.0
2009	1 692	13 692	70 029	39 735	1：41.4
2010	1 766	13 145.8	75 415	46 100	1：42.7
2011	1 880	11 966	90 827	57 083	1：48.3
2012	2 736.7	14 405.19	103 648.5	59 213.59	1：37.9
2013	2 828.25	17 995.56	99 883.18	55 230.58	1：35.3
2014	3 009.2	19 494	95 590.9	50 587	1：31.8
2015	2 354.5	6 073.38	44 331.31	21 028.28	1：18.8
2016	2 744	6 532.76	39 963.85	15 585.78	1：14.6
2017	2 798.25	12 215.86	60 172.60	30 860.99	1：21.5
2018	3 057.6	11 526.06	60 366.86	32 906.31	1：19.7
2019	2 630	6 893	41 709	22 735.80	1：15.9
2020	3 428	6 421	45 352	24 721.62	1：13.2
2021	2 531.63	15 236	111 054	60 536.14	1：43.9
合计	37 812.29	187 762.81	1 093 648.2	596 153.60	1：28.9

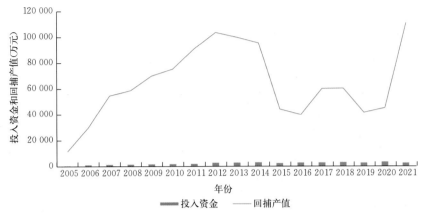

图 3-30　山东省三疣梭子蟹增殖放流投入与回捕产值情况（2005—2021 年）

第三节　头 足 类

　　40 年来，山东省共增殖放流头足类物种 5 种，主要包括金乌贼、曼氏无针乌贼、长蛸、短蛸、莱氏拟乌贼等，目前技术较成熟、效果较理想，仍规模开展的是金乌贼、曼氏无针乌贼、短蛸等 3 个物种，截至 2021 年全省共投入资金约 5 916.12 万元，累计折合增殖放流头足类苗种（受精卵或幼乌）约 19.42 亿单位。其中，投入资金最多的头足类是金乌贼，约为 5 033.36 万元，其次是曼氏无针乌贼、短蛸，分别约为 424.5 万元、218.26 万元；增殖放流数量最多的是金乌贼，约为 19.36 亿单位，其次是曼氏无针乌贼、短蛸，分别约为 393.86 万单位、133.28 万单位，详见表 3-29，图 3-31、图 3-32。

表 3-29　山东省头足类增殖放流基本情况（1991—2021 年）

物种	主要功能定位	实施年份	增殖放流数量（万单位）	投入资金（万元）
金乌贼*	捕捞渔民增收型	1991—2021	193 626.84	5 033.36
曼氏无针乌贼*	渔业种群恢复型	2012—2015、2018—2021	393.86	424.5
短蛸*	渔业种群恢复型	2015—2021	133.28	218.26
长蛸	渔业种群恢复型	2014—2016	54.15	210
莱氏拟乌贼	渔业种群恢复型	2018	41.28	30
合计	—	—	194 249.41	5 916.12

　　注：①* 为目前仍增殖放流的头足类物种，共 3 种。②金乌贼笼、附着基等增殖方式，增殖放流数量折算成增殖金乌贼受精卵数量。

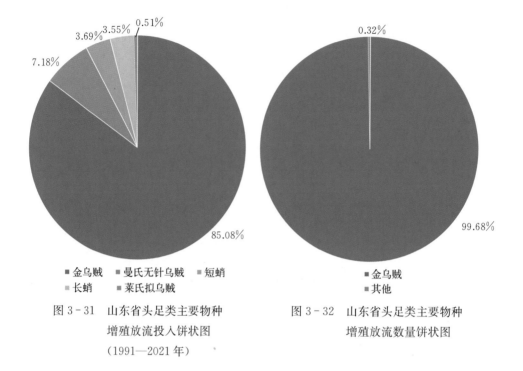

3.69% 3.55% 0.51%

7.18%

85.08%

- 金乌贼　■曼氏无针乌贼　■短蛸
- 长蛸　　■莱氏拟乌贼

图 3 - 31　山东省头足类主要物种
增殖放流投入饼状图
（1991—2021 年）

0.32%

99.68%

- 金乌贼
- 其他

图 3 - 32　山东省头足类主要物种
增殖放流数量饼状图

金乌贼

1. 增殖生物学。 金乌贼属头足纲（Cehhalopoda）、乌贼目（Sepioidea）、乌贼科（Sepiidae）、乌贼属（*Sepia*），俗称乌鱼、墨鱼、乌子、针墨鱼，见图 3 - 33。主要分布于俄罗斯远东海，日本的本州、四国、九州，朝鲜半岛西海岸、南海岸以及我国黄海。乌贼曾与大黄鱼（*Larimichthys crocea*）、小黄鱼（*Larimichthys polyactis*）、带鱼（*Trichiurus lepturus*）并称为我国传统四大海产，金乌贼是乌贼科中重要经济种类之一，年产量位居世界乌贼科种类第二位，是我国北方海域经济价值最高的乌贼。20 世纪 80 年代以来，受水域污染、过度捕捞、产卵场破坏等因素影响，山东省近海金乌贼资源持续衰退，如历史上日照金乌贼年产量最高达 2 000 多吨，进入 80 年代后一度下降到 300～500 吨。

金乌贼属肉食性动物，仔稚乌以端足类、小型甲壳类为食，幼乌多捕食小鱼，如鳀、黄鲫、梅童鱼等，成体则以扇贝、虾蛄、鹰爪虾、毛虾等为食，有自残习性。在我国主要分布在山东半岛南部海域，以日照近海数量最多，渤

图 3-33 金乌贼

海、东海沿岸少有分布。金乌贼越冬场在黄海中南部，水深约 70～90 米。越冬期为 12 月至翌年 3 月底。每年 4 月初，离开越冬场，开始生殖洄游。10 月以后，当年生幼乌向深水区移动，开始越冬洄游。12 月后，陆续进入越冬场。雌雄异体，体内受精，分批产卵，雌体怀卵量一般 800～1 000 粒，产卵期为 4 月中旬至 6 月上旬，产卵后亲体大部分死亡。黏性卵，常附着于海藻或其他附着物上。产卵时有"喷沙""居穴"习性，受精卵约 30 日即可孵化出幼乌，至 11 月胴长可达 120～150 毫米，翌年春末夏初性成熟。金乌贼具有经济价值高、摄食能力强、生长速度快、生命周期短、资源恢复快等特点，是生产性增殖放流的理想物种。

2. 增殖放流概况。

（1）发展历程。1989—1991 年，山东省海洋捕捞生产管理站、山东省海水养殖研究所以及胶南、日照两县市渔业技术推广站承担农业部水产司下达的《黄海乌贼增殖与管理试验研究》课题任务，在青岛琅琊、日照石臼所近海开展了金乌贼、曼氏无针乌贼资源增殖与管理专题研究，重点进行了金乌贼、曼氏无针乌贼资源衰退现状调查，生长、洄游、产卵等生物学以及乌贼笼、附卵器附卵效果等相关研究，为后续开展金乌贼生产性增殖放流积累了宝贵经验。

金乌贼生产性增殖放流始于 1991 年，30 余年来共采用过 5 种增殖方式，即投放附卵乌贼笼、投放附着基、增殖放流幼乌、增殖放流受精卵以及投放新型附卵器等。2006年以前，主要通过在日照岚山近海、青岛胶南近海于5—6月金乌贼生产结束后，把附有乌贼卵的乌贼笼（金乌贼专捕工具）收集起来，再集中投放到安全海区孵化增殖金乌贼，每年收集乌贼笼约5万个；后因乌贼笼容易伤害金乌贼亲体，且制作成本较高，难以规模化推广，2006年停止投放，翌年开始在日照近海改投附着基；2010年开始同步增殖放流幼乌，增殖海域由日照近海逐步拓展到灵山湾、塔岛湾、乳山湾、五垒岛湾、靖海湾、海阳近海等；2014—2015年，同时在塔岛湾开展了金乌贼受精卵增殖放流试验；2016年，还在日照近海开展过小规模金乌贼新型附卵器增殖试验。通过30余年不间断的试验、摸索与对比，5种方式中以受精卵增殖效果最佳，是目前山东省金乌贼的主要增殖方式，基本情况见表3-30、图3-34。

表3-30　山东省金乌贼增殖放流基本情况（1991—2021年）

年份	主要增殖区域	增殖类型	计划增殖放流数量（万单位）	实际增殖放流数量（万单位）	增殖受精卵或幼乌数量（万单位）	投入资金（万元）
1991	岚山、胶南近海	乌贼笼	6	1.4	1 400	36
	岚山近海	附着基	4	4.39	1 317	
1992	岚山、胶南近海	乌贼笼	4	3.97	3 970	15
1993	岚山、胶南近海	乌贼笼	5	3.71	3 710	15
1994	岚山近海	乌贼笼	5	4.21	4 500	15
1995	岚山近海	乌贼笼	5	5.11	5 120	15
1996	岚山近海	乌贼笼	5	5.37	5 370	16.1
1997	岚山近海	乌贼笼	5	5.49	5 490	16.47
1998	岚山近海	乌贼笼	5	3.91	3 910	15
1999	岚山近海	乌贼笼	5	4.85	4 850	9.71
2000	岚山近海	乌贼笼	4	4.06	4 060	8.13
2001	岚山近海	乌贼笼	5	5.01	5 010	25
2002	岚山近海	乌贼笼	5	5.03	5 027	10.05
2003	岚山近海	乌贼笼	5	5.04	5 044	25
2004	岚山近海	乌贼笼	5	3.98	4 076	19.8
2005	岚山近海	乌贼笼	2	2.04	2 040	9
		附着基	5.5	5.27	1 650	11

年份	主要增殖区域	增殖类型	计划增殖放流数量（万单位）	实际增殖放流数量（万单位）	增殖受精卵或幼乌数量（万单位）	投入资金（万元）
2006	岚山近海	附着基	20	22.4	6 720	40
2007	岚山近海	附着基	30	31.01	9 300	60
2008	岚山近海	附着基	50	51.81	15 545	105
2009	岚山近海	附着基	50	51.06	15 320.2	100
2010	岚山近海	幼乌 10	0	23.5	23.5	12
		附着基	50	51.6	15 000	100
2011	岚山近海	幼乌 10	20	23	23	100
	岚山近海	附着基	50	54	16 200	100
2012	岚山近海	幼乌 10	30	33.4	33.4	170
	岚山近海	附着基	50	50.17	15 051	
2013	岚山近海	幼乌 10	40	42	42	192.5
		附着基	50	51.82	15 546	
2014	岚山近海、灵山湾	幼乌 12	63.5	70.2	70.2	135
	万宝礁区	附着基	50	52	15 600	100
	塔岛湾	受精卵	25	16.5	16.5	15
2015	黄家塘湾、灵山湾	幼乌 12	95	84.25	84.25	95
	塔岛湾	受精卵	15	23.6	23.6	15
2016	黄家塘湾、乳山湾、塔岛湾、五垒岛湾、靖海湾以及海阳近海等	幼乌 12	155	125.3	125.3	310
	岚山近海	新型附卵器	0.6	0.6	96	60
2017	乳山湾、塔岛湾、五垒岛湾、靖海湾以及烟台海阳、青岛等地近海	幼乌 10	260	219.9	219.9	520
	烟台龙口、开发区、威海北部、天鹅湖等地近海	受精卵	180	187.9	187.9	180
2018	黄家塘湾、五垒岛湾、靖海湾及海阳近海	幼乌 10	161.62	273.76	273.76	419
	烟台龙口、开发区、威海北部、天鹅湖等地近海	受精卵	187.82	199	199	187

（续）

年份	主要增殖区域	增殖类型	计划增殖放流数量（万单位）	实际增殖放流数量（万单位）	增殖受精卵或幼乌数量（万单位）	投入资金（万元）
2019	黄家塘湾、五垒岛湾、靖海湾及海阳近海	幼乌10	683	608	608	870
	烟台龙口、海阳、开发区、威海北部、天鹅湖等地近海	受精卵	207	194	194	207
2020	海阳近海、乳山湾、塔岛湾、五垒岛湾、天鹅湖、威海北部近海、烟台开发区近海、龙口近海等	受精卵	352.6	379.9	379.9	276.6
2021	黄家塘湾、海阳近海、乳山湾、塔岛湾、五垒岛湾、天鹅湖、威海北部近海、烟台开发区近海等	受精卵	407.68	200.43	200.43	403
合计	—	—	3 364.32	3 193.95	193 626.84	5 033.36

注：①单个乌贼笼平均附卵约1 000粒，单个附着基平均附卵约300粒，单个新型附卵器平均附卵约160粒。②经过30余年反复实践、探索与对比，受精卵增殖效果最佳，2020年全部改为投放受精卵。

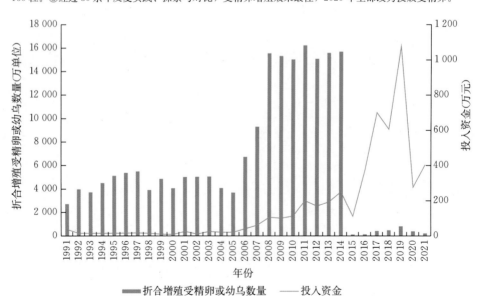

图3-34　山东省金乌贼增殖放流数量与投入资金总体情况（1991—2021年）

1991—2021 年，全省共投入资金约 5 033.36 万元，投放乌贼笼约 63.18 万个，投放附着基约 425.53 万个，增殖放流幼乌约 1 503.31 万头，增殖放流受精卵约 1 201.33 万粒，投放新型附卵器约 0.6 万个，累计折合增殖金乌贼受精卵或幼乌数量约 19.36 亿单位。5 种增殖类型中，投入资金最多的是幼乌，约为 2 646 万元，其次是受精卵、附着基，分别约 1 283.6 万元、811.5 万元；增殖受精卵或幼乌数量最多的是附着基，约为 12.72 亿粒，其次是附卵乌贼笼、幼乌，分别约 6.36 亿粒、1 503.31 万头，详见表 3 - 31，图 3 - 35、图 3 - 36。

表 3 - 31 山东省金乌贼五大增殖方式基本情况对比（1991—2021 年）

增殖方式	计划增殖放流数量（万单位）	实际增殖放流数量（万单位）	增殖受精卵或幼乌数量（万单位）	投入资金（万元）
幼乌	1 508.12	1 503.31	1 503.31	2 646
受精卵*	1 375.1	1 201.33	1 201.33	1 283.6
附着基	409.5	425.53	127 249.2	811.5
附卵乌贼笼	71	63.18	63 577	232.26
新型附卵器	0.6	0.6	96	60
合计	3 364.32	3 193.95	193 626.84	5 033.36

注：①单个乌贼笼平均附卵约 1 000 粒，单个附着基平均附卵约 300 粒，单个新型附卵器平均附卵约 160 粒。②* 为目前仍采用的金乌贼增殖方式。

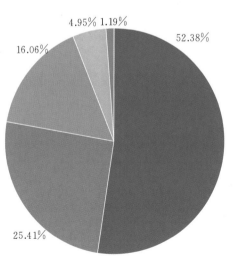

图 3 - 35 山东省金乌贼五大增殖方式投入对比（1991—2021 年）

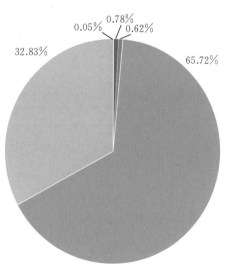

图 3 - 36 山东省金乌贼五大增殖方式增殖受精卵或幼乌数量对比图（1991—2021 年）

（2）主要增殖方式。金乌贼增殖主要包括投放附卵乌贼笼、投放附着基、放流幼乌、放流受精卵以及投放新型附卵器等5种方式。

①乌贼笼。1991—2005年，山东省主要通过投放附卵乌贼笼的方式增殖金乌贼，共投入资金约232.26万元，累计投放附卵千粒以上乌贼笼约63.18万个，折合移植金乌贼受精卵约6.36亿粒。除1991年、2005年数量较少外，分别为1.4万个、2.04万个，其余每年收集乌贼笼近4万～5万个，1997年达到峰值5.49万个，集中投至日照岚山、青岛胶南等地近海安全区域保护孵化。乌贼笼见图3-37，乌贼笼增殖基本情况见表3-32、图3-38。

图 3-37　乌贼笼

表 3-32　山东省乌贼笼增殖基本情况（1991—2005 年）

年份	主要增殖区域	计划增殖放流数量（万单位）	实际增殖放流数量（万单位）	增殖受精卵数量（万单位）	投入资金（万元）
1991	岚山、胶南近海	6	1.4	1 400	18
1992	岚山、胶南近海	4	3.97	3 970	15
1993	岚山、胶南近海	5	3.71	3 710	15
1994	岚山近海	5	4.21	4 500	15
1995	岚山近海	5	5.11	5 120	15
1996	岚山近海	5	5.37	5 370	16.1
1997	岚山近海	5	5.49	5 490	16.47
1998	岚山近海	5	3.91	3 910	15

年份	主要增殖区域	计划增殖放流数量（万单位）	实际增殖放流数量（万单位）	增殖受精卵数量（万单位）	投入资金（万元）
1999	岚山近海	5	4.85	4 850	9.71
2000	岚山近海	4	4.06	4 060	8.13
2001	岚山近海	5	5.01	5 010	25
2002	岚山近海	5	5.03	5 027	10.05
2003	岚山近海	5	5.04	5 044	25
2004	岚山近海	5	3.98	4 076	19.8
2005	岚山近海	2	2.04	2 040	9
合计	—	71	63.18	63 577	232.26

注：单个乌贼笼平均附卵量约 1 000 粒。

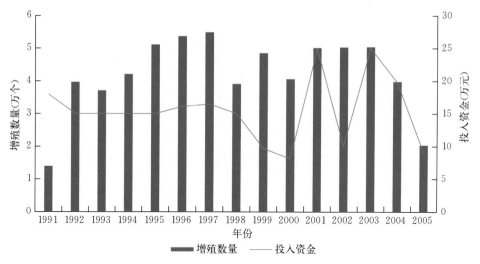

图 3-38　山东省乌贼笼增殖数量与投入情况（1991—2005 年）

乌贼笼增殖分两次验收：第一次主要是检查乌贼笼附卵量，并对乌贼笼进行计数，凡附卵不到 1 000 粒的不予计数；第二次主要是检查孵化期间看护情况及受精卵孵化率，并对乌贼笼的数量进行第二次计数，以此作为付款依据。未使用乌贼笼增殖前，每年乌贼生产结束后，渔民便将附卵乌贼笼回收搁置，无形中造成了乌贼笼上附卵的极大浪费。实践证明，该增殖方式能有效利用附卵乌贼笼，在一定程度上修复近海金乌贼资源。但随着时间推移，使用乌贼笼增殖金乌贼的弊端也逐渐显露出来：一是受渔业资源、渔场环境和生产效益影响，投入生产的乌贼笼数量急剧减少；二是乌贼笼本身以捕捞为目的，损害产卵亲体，与金乌贼多次产卵习性不相适应，影响金乌贼的产卵量；三是乌贼笼制作成本较高，难以规模化投放，2006年停止投放。

② 附着基。1989—1990年，山东省曾开展过小规模金乌贼附着基增殖试验。2001—2003年，山东省海洋捕捞生产管理站会同中国海洋大学、日照市渔业技术推广站等单位开展了"乌贼附着基不同材料的对比试验"课题研究。结果表明：附着率最高的是柽柳，达74%，其次是黄花蒿，为71.2%，最差的是竹苗，仅为20.2%；柽柳、黄花蒿的附卵量也较高，平均附卵500粒以上的分别占79.7%、72.8%；虽然柽柳、黄花蒿附卵效果略差于乌贼笼，但成本低廉，不及乌贼笼的20%，且制作方便，材料来源广泛，不受生产方式、规模限制，可大规模投放，且附着基不以捕捞为目的，不损害金乌贼亲体，与金乌贼多次产卵的生活习性相适应，能有效提高增殖效率。金乌贼附着基见图3-39。

图3-39　金乌贼附着基

在此试验基础上，2005年，山东省开始在日照岚山近海大规模投放由柽柳或黄花蒿制作的附着基，至2014年全省共投入资金约793.5万元，累计投放附卵300粒以上附着基约421.14万个，增殖金乌贼受精卵约12.59亿粒；

年均投入资金约 79.35 万元，年均投放附着基约 42.11 万个，其中 2005 年最少，为 5.27 万个，2011 年最多，为 54 万个，详见表 3-33、图 3-40。

表 3-33 山东省附着基增殖金乌贼基本情况（2005—2014 年）

年份	主要增殖区域	计划增殖放流数量（万个）	实际增殖放流数量（万个）	增殖受精卵数量（万粒）	投入资金（万元）
2005	岚山近海	5.5	5.27	1 650	11
2006	岚山近海	20	22.4	6 720	40
2007	岚山近海	30	31.01	9 300	60
2008	岚山近海	50	51.81	15 545	105
2009	岚山近海	50	51.06	15 320.2	100
2010	岚山近海	50	51.6	15 000	100
2011	岚山近海	50	54	16 200	100
2012	岚山近海	50	50.17	15 051	85
2013	岚山近海	50	51.82	15 546	92.5
2014	岚山近海	50	52	15 600	100
合计	—	405.5	421.14	125 932.2	793.5

注：单个附着基平均附卵量约 300 粒。

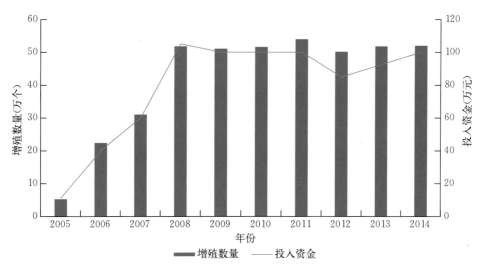

图 3-40 山东省金乌贼附着基增殖数量与投入情况（2005—2014 年）

附着基所用材料为柽柳或黄花蒿，不可避免会造成一定程度的生态环境破坏，2015 年停止投放。

③ 幼乌。2005—2008 年，山东省海洋捕捞生产管理站承担了山东省科技

厅良种产业化项目"金乌贼育苗及人工放流技术研究"课题研究，开展了金乌贼产卵行为观察、受精卵人工孵化、幼体培育试验、标志放流等技术研究。同时，2007年日照市水产研究所对金乌贼亲体采捕、运输、室内暂养、产卵、孵化、人工育苗、池塘养殖、越冬等也进行了系统研究，翌年突破了金乌贼规模化人工繁育技术。金乌贼幼乌见图3-41。

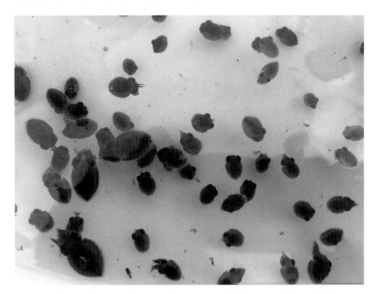

图3-41 金乌贼幼乌

幼乌规模化增殖放流始于2010年，增殖放流数量大体呈递增趋势，至2019年全省共投入资金约2 646万元，累计增殖放流胴长10毫米以上幼乌约1 503.31万头，年均投入资金264.6万元，年均增殖放流数量为150.33万头，其中2011年最少，为23万头；2019年最多，为608万头，详见表3-34、图3-42。经过十余年持续实践与摸索，幼乌增殖放流规格几经变化，最终确定为胴长≥10毫米。

表3-34 山东省金乌贼幼乌增殖放流基本情况（2010—2019年）

年份	主要增殖区域	幼乌规格（胴长，毫米）	计划增殖放流数量（万头）	实际增殖放流数量（万头）	投入资金（万元）
2010	岚山近海	10	0	23.5	12
2011	岚山近海	10	20	23	100

年份	主要增殖区域	幼乌规格（胴长，毫米）	计划增殖放流数量（万头）	实际增殖放流数量（万头）	投入资金（万元）
2012	岚山近海	10	30	33.4	85
2013	岚山近海	10	40	42	100
2014	岚山近海、灵山湾	12	63.5	70.2	135
2015	黄家塘湾、灵山湾	12	95	84.25	95
2016	黄家塘湾、乳山湾、塔岛湾、五垒岛湾、靖海湾以及海阳近海等	12	155	125.3	310
2017	乳山湾、塔岛湾、五垒岛湾、靖海湾以及海阳、青岛等地近海	10	260	219.9	520
2018	黄家塘湾、五垒岛湾、靖海湾及海阳近海	10	161.62	273.76	419
2019	黄家塘湾、五垒岛湾、靖海湾及海阳近海	10	683	608	870
合计	—	—	1 508.12	1 503.31	2 646

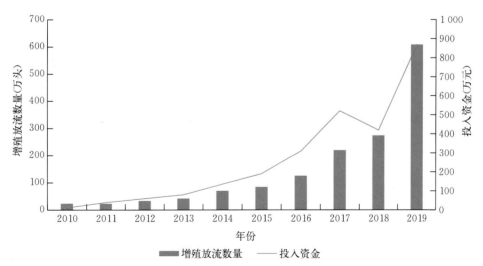

图 3-42　山东省金乌贼幼乌增殖放流数量与投入资金情况（2010—2019 年）

幼乌增殖区域主要集中在岚山近海、灵山湾、塔岛湾、乳山湾、五垒岛湾、靖海湾以及海阳近海等，其中增殖放流数量最多的是黄家塘湾，约为

307.03 万头，其次是塔岛湾、五垒岛湾，分别约为 118.96 万头、117.56 万头，见表 3-35、图 3-43。

表 3-35　山东省主要增殖区域金乌贼幼乌增殖放流数量（2010—2019 年）

主要增殖海域	增殖放流数量（万头）	主要增殖海域	增殖放流数量（万头）	主要增殖海域	增殖放流数量（万头）
黄家塘湾	307.03	塔岛湾	118.96	五垒岛湾	117.56
海阳近海	113.04	乳山湾	104.6	灵山湾	99.3
靖海湾	95.17	威海北部近海	40.6		

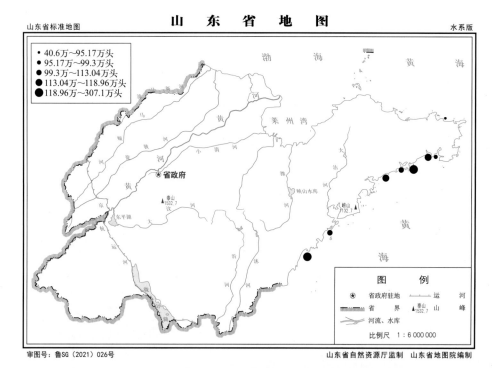

图 3-43　山东省金乌贼幼乌增殖放流数量空间分布图（2010—2019 年）

④ 新型附卵器。2016—2017 年，山东省水生生物资源养护管理中心组织中国海洋大学、日照顺风阳光海洋牧场等单位在日照岚山近海开展了金乌贼新型可回收附卵器试验，两年共投放新型附卵器 6 000 个，累计增殖金乌贼受精卵约 96 万粒。试验结果表明，新型附卵器附卵率达 70% 以上，平均附卵量 160 粒/个。金乌贼新型附着器见图 3-44。

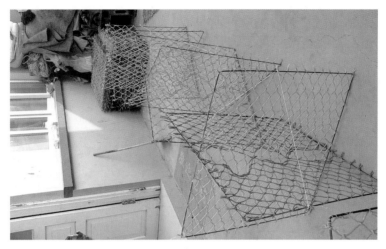

图 3-44　金乌贼新型附卵器

⑤ 受精卵。2014—2015 年，山东省在塔岛湾开展了金乌贼受精卵增殖放流试验，并取得不错增殖效果；受精卵规模化增殖放流始于 2017 年。通过 30 余年不间断的实践、摸索与对比，该方式增殖效果最好，自 2020 年始金乌贼增殖全部改用此法。2014—2021 年，全省共投入资金约 1 283.6 万元，累计投放金乌贼受精卵约 1 201.33 万粒。金乌贼受精卵见图 3-45，金乌贼受精卵增殖情况见表 3-36、图 3-46。

图 3-45　金乌贼受精卵

表 3 - 36　山东省金乌贼受精卵增殖放流基本情况（2014—2021 年）

年　份	主要增殖区域	计划增殖放流数量（万粒）	实际增殖放流数量（万粒）	投入资金（万元）
2014	塔岛湾	25	16.5	15
2015	塔岛湾	15	23.6	15
2017	烟台龙口、开发区、威海北部、天鹅湖等地近海	180	187.9	180
2018	烟台龙口、开发区、威海北部、天鹅湖等地近海	187.82	199	187
2019	烟台龙口、海阳、开发区、威海北部、天鹅湖等地近海	207	194	207
2020	海阳近海、乳山湾、塔岛湾、五垒岛湾、天鹅湖、威海北部近海、烟台开发区近海、龙口近海等	352.6	379.9	276.6
2021	黄家塘湾、海阳近海、乳山湾、塔岛湾、五垒岛湾、天鹅湖、威海北部近海、烟台开发区近海等	407.68	200.43	403
合计	—	1 375.1	1 201.33	1 283.6

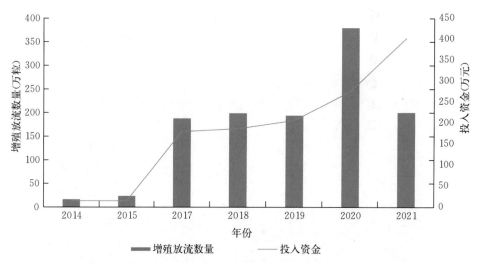

图 3 - 46　山东省金乌贼受精卵增殖放流数量与投入情况（2014—2021 年）

目前，金乌贼受精卵增殖区域主要集中在岚山近海、黄家塘湾、海阳近海、塔岛湾、五垒岛湾、靖海湾、天鹅湖、威海市经济技术开发区近海、烟台开发区近海等，其中增殖放流数量最多的是烟台蓬莱及开发区近海，约为

275.19 万粒，其次是天鹅湖、威海北部近海，分别约为 167.76 万粒、150.8 万粒，详见表 3-37、图 3-47。

表 3-37 山东省主要增殖区域金乌贼受精卵增殖放流数量（2014—2021 年）

增殖海域	增殖放流数量（万粒）	增殖海域	增殖放流数量（万粒）	增殖海域	增殖放流数量（万粒）
烟台蓬莱、开发区近海	275.19	天鹅湖	167.76	威海北部近海	150.8
塔岛湾	135.6	莱州湾龙口近海	109.85	海阳近海	100.21
日照岚山近海	72.02	黄家塘湾	45.47	乳山湾	31
五垒岛湾	24				

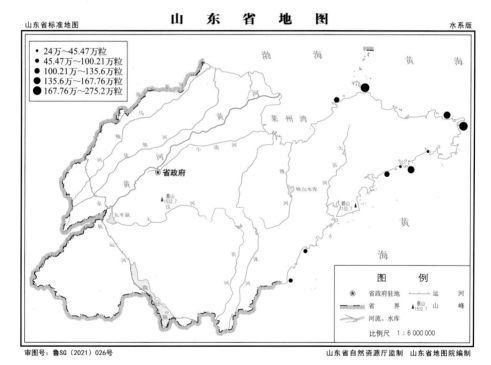

图 3-47 山东省金乌贼受精卵增殖放流数量空间分布图（2014—2021 年）

3. 增殖放流效果。

（1）资源贡献率。持续开展金乌贼生产性增殖放流，山东省近海金乌贼资源量明显增加。2015 年，中国海洋大学研究人员评估表明，金乌贼增殖放流对金乌贼资源量的贡献率为 21.87%。据山东半岛南部沿海渔民反映，曾在乳山、文登、海阳等山南近海一度绝迹的金乌贼再度出现，且产量逐年增加。

（2）遗传多样性。2014—2016 年，中国海洋大学研究人员对增殖放流金乌贼的遗传多样性进行了研究。研究结果表明，金乌贼亲体与回捕群体的期望杂合度和观测杂合度均处于较高水平，育苗亲体与回捕群体的遗传多样性无明显差异，均处于较高水平。

（3）经济效益。据不完全统计，1991—2021 年全省秋汛共回捕金乌贼约7.07 万吨，创产值约 11.10 亿元，实现利润约 5.71 亿元，直接投入产出比达1:23.7。其中，2011 年秋汛回捕产值最高，为 8 200 万元，见表 3-38、图 3-48。值得注意的是山东海洋伏季休渔开捕时间是 9 月 1 日，此时金乌贼个体尚小，且处于快速生长期，增殖资源尚不能被合理利用；若延迟开捕时间，可获得更高的预期产量。

表 3-38　山东省金乌贼回捕生产基本情况（1991—2021 年）

年　　份	投入资金（万元）	回捕产量（吨）	回捕产值（万元）	实现利润（万元）
1991	36	2 692	2 154	1 055.46
1992	15	2 857	2 286	1 120.14
1993	15	2 354	1 883	922.67
1994	15	4 008	3 206	1 570.94
1995	15	3 169	2 551	1 249.99
1996	16.1	3 180	2 544	1 246.56
1997	16.47	2 212	2 200	1 078
1998	15	3 375	3 375	1 653.75
1999	9.71	3 200	3 200	1 568
2000	8.13	4 364	4 000	1960
2001	25	2 901	3 000	1 470
2002	10.05	2 501	2 500	1 225
2003	25	4 200	4 200	2 058
2004	19.8	3 000	3 000	1 470
2005	9	432	864	423.36
2006	11	406	893	437.57

年　　份	投入资金 （万元）	回捕产量 （吨）	回捕产值 （万元）	实现利润 （万元）
2007	40	1 031	3 013	1 356
2008	60	2 619	2 619	919
2009	105	1 065	2 160	870
2010	112	1 434	2 268	1 361
2011	200	1 410	8 200	4 920
2012	170	1 864	7 520	3 880
2013	192.5	3 380	8 120	3 250
2014	250	499	1 087	435
2015	110	1 190	2 578.4	1 292
2016	370	1 510	2 925	1 124
2017	800	2 257.61	5 116.79	3 114.29
2018	606	2 650	7 018	4 589
2019	1 077	1942	6 914	4 150
2020	276.6	1 642	5 045	3 017
2021	403	1 350	4 527	2 330.13
合计	5 033.36	70 694.61	110 967.19	57 116.86

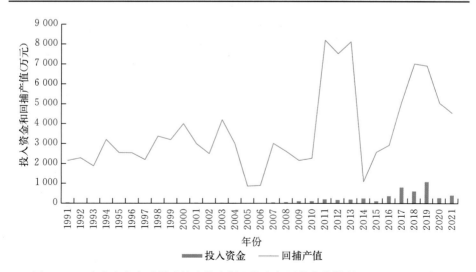

图 3-48　山东省金乌贼增殖放流资金投入资金与回捕产值情况（1991—2021 年）

第四节 贝 类

前期政府投资扶持的贝类主要是为示范带动群众性底播增殖，科学引导近海捕捞渔民转产转业，后考虑到贝类大多营固着生活，活动范围较小，受益群众有限，滩涂多确权且社会底播经济贝类热情高涨，2013 年逐步停止文蛤、青蛤、菲律宾蛤仔、缢蛏等浅海滩涂贝类底播增殖政府扶持，2015 年逐渐停止毛蚶、魁蚶等深水贝类底播增殖政府扶持。

40 年来，山东省累计底播增殖贝类 16 种，主要包括魁蚶、毛蚶、文蛤、青蛤、菲律宾蛤仔、缢蛏、大竹蛏、西施舌、虾夷扇贝、四角蛤蜊、小刀蛏、紫彩血蛤、紫石房蛤、皱纹盘鲍、鸟蛤、泥螺等，共投入资金约 1.21 亿元，累计底播增殖各类贝类苗种约 94.10 亿粒。其中，投入资金最多的是魁蚶，为 4 137.03 万元，其次是文蛤、菲律宾蛤仔，分别约为 1 652 万元、1 226.56 万元；底播增殖数量最多的是魁蚶，为 28.06 亿粒，其次是文蛤、菲律宾蛤仔，分别为 22.94 亿粒、10.98 亿粒，详见表 3 - 39、图 3 - 49 至图 3 - 52。

表 3 - 39　山东省主要贝类底播增殖基本情况（1992—2017 年）

底播增殖物种	主要实施年份	底播增殖数量（万粒）	投入资金（万元）
魁蚶	1992、2008—2017	280 554.6	4 137.03
文蛤	1995—2015	229 445.72	1 652
菲律宾蛤仔	2006—2012、2015	109 811.5	1 226.56
大竹蛏	2005—2014	31 310.28	1 077.5
青蛤	2006—2014	88 936.94	938
毛蚶	1997—1998、2006、2012—2015	63 742.03	865.9
缢蛏	2006—2015、2020	34 049	632
虾夷扇贝	2000—2012	75 261.95	581
西施舌	2007—2014	5 669.75	482.75
皱纹盘鲍	1988、1996—2009	181.8	417
泥螺	2006	158.8	75
紫彩血蛤	2015—2017	2 975.1	40
紫石房蛤	1997	830	2
四角蛤蜊	2015	10 351.3	—

底播增殖物种	主要实施年份	底播增殖数量 （万粒）	投入资金 （万元）
小刀蛏	2015	6 001.8	—
鸟蛤	1996—1997	1 670	—
合计	—	940 950.57	12 126.74

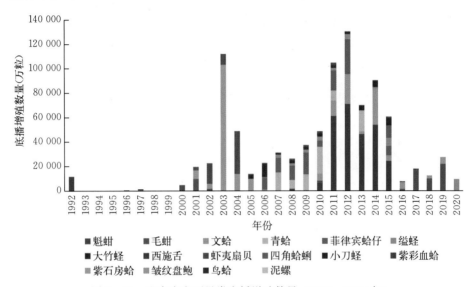

图 3-49　山东省主要贝类底播增殖数量（1992—2017 年）

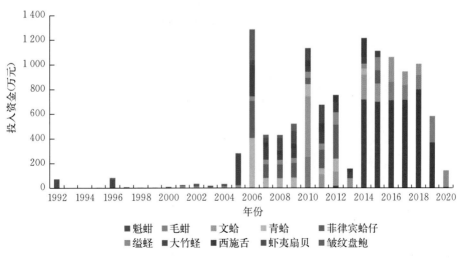

图 3-50　山东省主要贝类底播增殖投入资金（1992—2017 年）

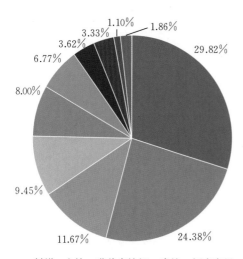

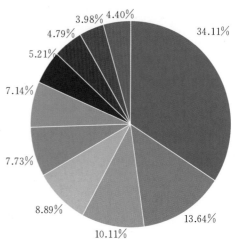

■魁蚶 ■文蛤 ■菲律宾蛤仔 ■青蛤 ■虾夷扇贝
■毛蚶 ■缢蛏 ■大竹蛏 ■四角蛤蜊 ■其他

图 3-51 山东省主要贝类底播增殖数量
饼状图（1992—2017 年）

■魁蚶 ■文蛤 ■菲律宾蛤仔 ■大竹蛏 ■青蛤
■毛蚶 ■缢蛏 ■虾夷扇贝 ■西施舌 ■其他

图 3-52 山东省主要贝类底播增殖投入
饼状图（1992—2017 年）

魁蚶

1. 增殖生物学。 魁蚶属双壳纲（Bivalvia）、蚶目（Arcoida）、蚶科（Arcidae）、蚶属（*Scapharca*），俗称赤贝、血贝、大毛蚶，见图 3-53。大型海洋经济贝

图 3-53 魁 蚶

类，在我国主要分布于黄渤海，以黄海北部资源最为丰富，曾是山东省渔业生产和出口创汇的重要品种，20世纪90年代年产量最高达25万吨。后因过度捕捞等原因，自然资源量急剧下降，近年来，山东省近海魁蚶年产量不足万吨，基本形不成渔汛。壳长15毫米以下个体靠足丝附于石砾或贝壳上生长，壳长15毫米以上个体开始于软泥和泥沙质海底营埋栖生活，以水深20～30米处栖息密度较大。生长速度以一至二龄较快，三龄之后逐渐减缓。魁蚶具有食物链短、移动范围小、生产潜力大、经济价值高等特点，具有较为广阔的增养殖发展前景。

2. 底播增殖概况。

（1）发展历程。魁蚶是山东省底播增殖时间跨度最大、投入最多、规模最大的深水贝类之一。80年代末90年代初，大连水产学院、中国水产科学研究院黄海水产研究所、山东省海洋水产研究所、烟台市渔业技术推广中心等单位先后在大连、荣成、长岛、乳山等地近海开展了魁蚶人工育苗及底播增殖试验，但因增殖技术不过关，苗种底播成活率很低，试验效果不理想。1992年，山东省又在荣成近海开展了魁蚶底播增殖试验，共底播壳长20毫米以上魁蚶苗种约1.2亿粒。为学习借鉴国外先进经验，1996年山东省海洋捕捞生产管理站、山东省海洋水产研究所等单位联合派员赴韩国考察了魁蚶底播增殖工作，重点学习了韩国魁蚶增殖区选择、增殖苗种规格确定、底播增殖技术及清除敌害方法等技术。

进入21世纪，山东半岛沿海渔民对魁蚶增殖的积极性持续高涨，纷纷呼吁渔业主管部门加大魁蚶资源修复力度。2008年，青岛市在即墨近海底播壳长10毫米以上魁蚶苗种2 000万粒。2010年，山东省开始魁蚶规模化底播增殖。为加强对底播魁蚶的科学保护，山东省海洋与渔业厅先后组织专家选划了荣成、威海、烟台、长岛、莱州等5处魁蚶底播增殖区，在底播增殖区内实行轮播轮采。但因公共海域魁蚶底播增殖管护较困难，且底播增殖效果不尽理想，2017年暂停财政扶持。1992—2017年，全省共投入资金约4 137.03万元，累计底播壳长10毫米以上魁蚶苗种约28.06亿粒，其中2012年最多，为7.14亿粒，2016年、2017年最少，均为625万粒，详见表3-40、图3-54。

表3-40　山东省魁蚶底播增殖基本情况（1992—2017年）

年份	主要增殖区域	苗种规格（壳长，毫米）	计划底播数量（万粒）	实际底播数量（万粒）	投入资金（万元）
1992	黄海北部海峡至桑沟湾	≥20	20 000	12 000	75
2008	即墨近海	≥10	2 000	2 000	20

年份	主要增殖区域	苗种规格（壳长，毫米）	计划底播数量（万粒）	实际底播数量（万粒）	投入资金（万元）
2010	荣成、威海、烟台等魁蚶底播增殖区等	≥15	33 000	6 656	720
2011	荣成、威海、烟台等魁蚶底播增殖区及日照岚山近海等	≥10	33 000	61 498	700
2012	荣成、烟台、威海、长岛、莱州等魁蚶底播增殖区及日照岚山近海等	≥10	46 300	71 422.2	712.5
2013	荣成、烟台、威海、长岛、莱州等魁蚶底播增殖区及日照岚山近海、黄家塘湾等	≥10	44 908	46 694.4	715.53
2014	荣成、烟台、威海、长岛、莱州等魁蚶底播增殖区及日照岚山近海、黄家塘湾等	≥10	50 580	54 345.6	802
2015	莱州魁蚶底播增殖区、烟台招远近海、日照岚山近海等	≥10	25 000	24 688.4	372
2016	岚山近海	≥10	625	625	10
2017	岚山近海	≥10	625	625	10
合计	—	—	256 038	280 554.6	4 137.03

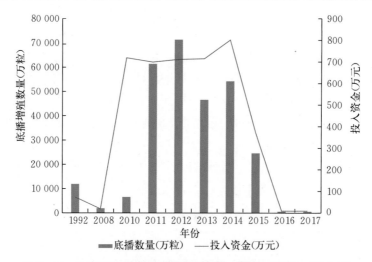

图 3-54　山东省魁蚶底播增殖数量与投入情况（1992—2017 年）

（2）空间分布。魁蚶底播增殖主要集中在荣成、烟台、威海、长岛、莱州等 5 个魁蚶底播增殖区内，黄家塘湾、岚山近海、招远近海也少量底播过，其中荣成底播增殖区底播数量最多，约为7.80亿粒，其次是莱州底播增殖区、烟台底播增殖区，分别约为4.10亿粒、3.30亿粒，详见表3-41、图3-55。

表3-41 山东省主要增殖区域魁蚶底播增殖数量（2010—2015年）

主要增殖海域	底播增殖数量（万粒）	主要增殖海域	底播增殖数量（万粒）	主要增殖海域	底播增殖数量（万粒）
荣成底播增殖保护区	78 000	莱州增殖保护区	41 037	烟台底播增殖保护区	33 000
威海底播增殖保护区	33 000	长岛底播增殖保护区	18 000	日照岚山近海	5 998
黄家塘湾	5 000	招远近海	5 000		

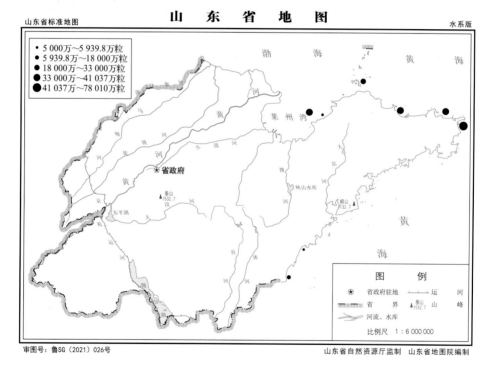

图3-55 山东省魁蚶底播增殖数量空间分布图（2010—2015年）

（3）底播技术。目前，山东省制定有《魁蚶底播增殖技术规范》（DB37/T 2079—2012）地方标准，该标准明确了魁蚶底播增殖的海域环境条件、本底调查、供苗单位条件、苗种要求、检验方法与规则、苗种洗涮、苗种包装、苗种计数、苗种运输、底播操作、资源保护与监测、增殖效果评价等技术要点。关键底播增殖技术主要包括：

① 敌害清除及海底疏松。放流前，根据海区敌害生物分布情况，组织供苗单位选择诱集法、拖网法等方式清除螺类、海星、蟹类、章鱼等敌害生物；同时，疏松平整海底。

② 放流时潮汛选择。选择小潮汛期（阴历每月初八至十二或二十三至二十八）、平流时（涨潮或退潮结束后的平潮期）底播苗种，避免苗种入海时被急流冲走。

③ 底播规格。2010 年魁蚶底播增殖规格为壳长 15 毫米以上，但实践发现，出库稚贝经海上暂养保苗至 15 毫米至少要经过两个死亡高峰期，即越冬和度夏，苗种死亡率较高，2011 年将魁蚶底播增殖规格由壳长 15 毫米调整为 10 毫米。

④ 底播方法。主要采用 3 种方法：一是滑槽撒播法。底播增殖时，作业船低速（3 节左右）均匀航行，从船上通过滑槽向海上撒播。此法简便易行，撒播速度快，省时省力，但苗种落底位置随意性较大，撒播苗种均匀度较差。二是导管直播法。在船上向导管输入苗种，通过导管将苗种从船上直接输送至海底，导管底端接播种器具，可边挖沟撒播、边埋藏苗种（类似种小麦），防止敌害捕食，但该法技术要求较高，操作难度较大，因导管较长、苗种密度较低，导管极易堵塞，底播效率较低。三是潜水播撒法。由水上作业船引导潜水员携带苗种在海底撒播。此法可保证撒播苗种均匀，同时可清除海星等敌害，但需要较多潜水员，撒播速度缓慢，底播成本很高。底播密度宜 1.5 万～2 万粒/亩；春、秋两季底播，最佳底播时间为 5—6 月，9 月下旬至 11 月上旬。

⑤ 计数方法。采取抽样计数法，按中培袋数的万分之一随机取样计算合格苗种数量，再根据总袋数计算苗种总数量。魁蚶苗种批量合格规格控制在壳长 8 毫米（含）以上，低于 8 毫米魁蚶苗种为无效底播增殖数量。

第五节　刺胞动物

刺胞动物仅包括海蜇 1 种，下面介绍一下海蜇增殖放流情况。

海蜇

1. 增殖生物学。海蜇属腔肠动物门（Coelenterata）、钵水母纲（Scyphomedusae）、根口水母目（Rhizostomeae）、根口水母科（Rhizostoidae）、海蜇属（*Rhopilema*），见图 3 - 56。在我国主要分布于辽宁、山东、江苏、浙江和福建等沿海地区。活动范围离岸较小，无长距离洄游习性，一般生活在5～20米海域，成体海蜇适温范围为18～28℃，适盐范围为12～35。拥有有性繁殖、足囊繁殖、横裂繁殖、再生繁殖等4种繁殖形式，碟状体发育成幼蜇、成蜇，成蜇产卵孵化后的浮浪幼虫在海水中营浮游生活；浮浪幼虫附着后发育成螅状体、横裂体营固着生活。以小型浮游动物为食，主要捕食小型桡足类、纤毛虫、贝类幼体等浮游动物，有时也摄食少量硅藻。

图3-56　海　蜇

海蜇具有生命周期短、活动能力弱、食物链短、生长速度快、易于捕捞与加工等特点，是理想的增殖放流物种。

2. 增殖放流概况。

（1）发展历程。1982年，山东省科学技术委员会下达"海蜇人工育苗生产试验及增殖"研究课题，经过3年探索，在国内突破了海蜇春季育苗技术，并探索了海蜇增殖放流关键技术。1991年，山东省开始在莱州湾等海域开展海蜇增殖放流试验，经测算，增殖海蜇年回捕率为1.02%～3.32%。

海蜇生产性增殖放流始于1996年，2006年被纳入省全额投资物种，增殖放流规模迅速扩大，2020年达到峰值11.75亿头，目前仍在规模化开展。1994—2021年，全省共投入资金约2.40亿元，累计增殖放流伞径5毫米以上海蜇苗种约93.47亿头，详见表3-42、图3-57。

表 3-42 山东省海蜇增殖放流基本情况 (1994—2021 年)

年份	主要增殖区域	苗种规格 (伞径, 毫米)	计划增殖 放流数量 (万头)	实际增殖 放流数量 (万头)	投入资金 (万元)
1994	莱州近海	增殖试验	—	3 119	5
1995	莱州近海	增殖试验	—	1 800	5
1996	莱州近海	≥5	4 000	4 600	5
1997	莱州近海	≥5	10 000	5 000	10
1998	莱州近海	≥5	6 000	6 230	10
1999	莱州近海	≥5	7 000	7 055	10
2000	莱州近海	≥5	7 000	7 100	50
2001	莱州、昌邑近海	≥5	14 000	12 419	66
2002	莱州、昌邑近海	≥5	15 000	10 112	20
2003	莱州近海	≥5	10 000	6 720	147.84
2004	莱州湾、塔岛湾等	≥8	10 000	4 936	246.8
2005	古镇口湾、胶州湾、塔岛湾、五垒岛湾、莱州湾等	≥8	6 500	7 084.16	242.48
2006	塔岛湾、五垒岛湾、靖海湾、莱州湾等	≥8	9 000	9 600	360
2007	崂山湾、丁字湾、塔岛湾、五垒岛湾、靖海湾、莱州湾等	≥8	19 000	32 509	645
2008	胶州湾、崂山湾、丁字湾、塔岛湾、五垒岛湾、靖海湾、莱州湾等	≥8	19 100	25 150	588
2009	崂山湾、丁字湾、塔岛湾、五垒岛湾、靖海湾、莱州湾等	≥8	20 000	38 724	708
2010	黄家塘湾、胶州湾、崂山湾、鳌山湾、塔岛湾、五垒岛湾、靖海湾、莱州湾、渤海湾等	≥8	41 000	49 287	1 066
2011	黄家塘湾、古镇口湾、胶州湾、崂山湾、鳌山湾、丁字湾、塔岛湾、五垒岛湾、靖海湾、莱州湾、渤海湾等	≥8	37 500	43 615	996
2012	崂山湾、丁字湾、海阳近海、乳山湾、塔岛湾、白沙湾、五垒岛湾、靖海湾、蓬莱近海、莱州湾、渤海湾等	≥10	45 000	49 229	1 350

年份	主要增殖区域	苗种规格（伞径，毫米）	计划增殖放流数量（万头）	实际增殖放流数量（万头）	投入资金（万元）
2013	崂山湾、丁字湾、海阳近海、乳山湾、塔岛湾、白沙湾、五垒岛湾、靖海湾、蓬莱近海、莱州湾、渤海湾等	≥10	47 500	50 400.86	1 431
2014	崂山湾、丁字湾、海阳近海、乳山湾、塔岛湾、白沙湾、五垒岛湾、靖海湾、蓬莱近海、莱州湾、渤海湾等	≥10	55 375	57 145	1 575
2015	崂山湾、丁字湾、塔岛湾、白沙湾、五垒岛湾、靖海湾、蓬莱近海、莱州湾、渤海湾等	≥10	59 000	63 627.36	1 575
2016	黄家塘湾、丁字湾、海阳近海、塔岛湾、白沙湾、五垒岛湾、靖海湾、莱州湾、渤海湾以及蓬莱海峡等	≥10	57 098.69	61 542.17	1 736.25
2017	黄家塘湾、丁字湾、海阳近海、塔岛湾、白沙湾、五垒岛湾、靖海湾、莱州湾、渤海湾以及蓬莱海峡等	≥10	69 300	71 797	2 108.15
2018	丁字湾、海阳近海、乳山湾、塔岛湾、白沙湾、五垒岛湾、靖海湾、蓬莱近海、莱州湾、渤海湾等	≥10	84 856.89	90 391.39	2 493.8
2019	丁字湾、海阳近海、乳山湾、塔岛湾、白沙湾、五垒岛湾、靖海湾、莱州湾、渤海湾等	≥10	51 878	41 620	1 555
2020	丁字湾、海阳近海、乳山湾、塔岛湾、白沙湾、五垒岛湾、靖海湾、蓬莱近海、莱州湾、渤海湾等	≥10	108 600	117 452	2 601
2021	丁字湾、海阳近海、乳山湾、塔岛湾、白沙湾、五垒岛湾、靖海湾、蓬莱近海、莱州湾、渤海湾等	≥10	70 373.28	56 446.02	2 354.13
合计	—	—	884 081.86	934 710.96	23 960.45

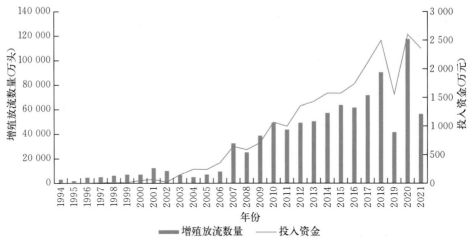

图 3-57 山东省海蜇增殖放流数量与投入资金情况（1994—2021 年）

（2）空间分布。海蜇增殖放流区域初期主要在莱州湾，2003 年逐步拓展
到山南近海。目前，主要集中在丁字湾、海阳近海、乳山湾、塔岛湾、白沙
湾、五垒岛湾、靖海湾、蓬莱近海、莱州湾、渤海湾等海域。其中，增殖放流
数量最多的是莱州湾莱州近海，约为 16.07 亿头，其次是五垒岛湾、渤海湾东
营近海，分别约为 7.63 亿头、6.16 亿头，详见表 3-43、图 3-58。

表 3-43　山东省主要增殖区域海蜇增殖放流数量（1994—2021 年）

增殖海域	增殖放流数量（万头）	增殖海域	增殖放流数量（万头）	增殖海域	增殖放流数量（万头）
莱州湾莱州近海	160 721.49	五垒岛湾	76 319	渤海湾东营近海	61 587.8
靖海湾	60 058.91	莱州湾昌邑近海	57 614.93	莱州湾东营近海	52 485.64
丁字湾	50 122.37	塔岛湾	49 561.71	莱州湾龙口近海	43 119.26
渤海湾滨州近海	42 706.91	莱州湾招远近海	41 247.25	烟台蓬莱、开发区近海	32 109.2
海阳近海	31 938.47	崂山湾	29 609.2	莱州湾滨海近海	21 389.6
乳山湾	19 240.14	白沙湾	18 627.83	黄家塘湾	11 521.4
胶州湾	7 853.1	鳌山湾	2 782	莱州湾寿光近海	2 518.32
古镇口湾	604.3				

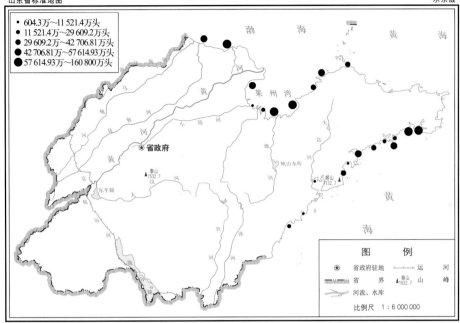

图 3-58 山东省海蜇增殖放流数量空间分布图（1994—2021 年）

（3）放流技术。目前，制定有《水生生物增殖放流技术规范 海蜇》（SC/T 9432—2019）行业标准及山东省地方标准《水生生物增殖放流技术规范 海蜇》（DB37/T 424—2020），标准明确了海蜇增殖放流的渔业水域与渔业环境、苗种培育、苗种规格与质量要求、检验方法与检验规则、计数方法、苗种运输与放流、放流管理及回捕等技术要点。经过近 30 多年的反复实践，目前增殖放流苗种规格确定为伞径≥10 毫米；最佳增殖放流时间一般在 5 月下旬至 6 月上旬，底层水温上升至 16 ℃以上时。

3. 增殖放流效果。

（1）生态效益。2021 年海蜇增殖放流评价结果显示，山东省增殖放流海蜇约占近海海蜇总资源量的 85.71% 以上。同时，大规模增殖放流海蜇还能有效抑制山东省近海赤潮发生频率以及霞水母、海月水母等同生态位有害水母的泛滥。

（2）经济效益。海蜇是山东省增殖放流效果较好的物种之一，近海捕捞渔民增产增收非常明显。1994—2021 年，全省秋汛累计回捕增殖海蜇约 39.75 万吨，创产值约 37.69 亿元，实现利润约 22.23 亿元，直接投入产出比达 1∶15.7，详见表 3-44、图 3-59。莱州湾捕捞渔船仅回捕放流海蜇一项，在短短不到 1 周的时间里单船产值一般可达 20 万～40 万元，好的达到 70 万～80 万元。

表 3-44　山东省海蜇回捕生产基本情况（1994—2021 年）

年　份	投入资金（万元）	回捕产量（吨）	回捕产值（万元）	实现利润（万元）	直接投入产出比
1994	5	1 020	630	371.7	—
1995	5	1 500	780	460.2	—
1996	5	2 200	1 360	802.4	—
1997	10	2 400	1 440	849.6	—
1998	10	3 500	1960	1 156.4	—
1999	10	18 000	10 800	6 372	—
2000	50	1 000	600	354	—
2001	66	3 000	4 000	2 360	—
2002	20	1 800	2 160	1 274.4	—
2003	147.84	15 518	18 000	10 620	—
2004	246.8	4 855	4 855	2 864.45	1∶19.7
2005	242.48	3 300	4 570	2 696.3	1∶18.8
2006	360	17 202	12 838	7 574.42	1∶35.7
2007	645	19 124	17 685	11 113	1∶27.4
2008	588	25 051.7	27 349	13 906.7	1∶46.5
2009	708	31 453	30 574	19 180	1∶43.2
2010	1 066	24 995	25 087	14 458	1∶23.5
2011	996	19 169	26 807	15 976	1∶26.9
2012	1 350	19 668.7	27 886	16 967.42	1∶20.7
2013	1 431	48 644.1	47 065.41	28 475.84	1∶32.9
2014	1 575	28 092	34 552.4	20 384.4	1∶21.9
2015	1 575	16 071.76	15 404.1	8 011.47	1∶9.8
2016	1 736.25	12 224.77	9 884.78	5 975.78	1∶5.7
2017	2 108.15	14 895.68	8 309.91	4 769.85	1∶3.9
2018	2 493.8	19 123.3	14 392.5	9 278.79	1∶5.8
2019	1 555	16 248	12 588	7 254	1∶8.1
2020	2 601	24 383	12 331	7 106	1∶4.7
2021	2 354.13	3 039.1	2 946.79	1 738.66	1∶1.3
合计	23 960.45	397 478.11	376 855.89	222 351.78	1∶15.7

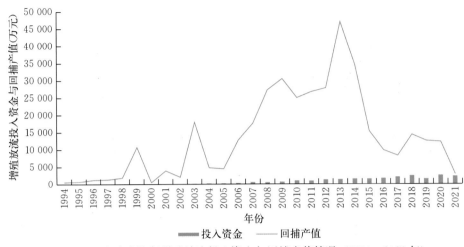

图 3-59　山东省海蜇增殖放流投入资金与回捕产值情况（1994—2021 年）

第六节　棘皮动物

　　山东省底播增殖的棘皮动物主要包括刺参、中间球海胆（俗称虾夷马粪海胆）等两种海珍品，增殖海域主要集中在烟威近海。近年来，随着公益性增殖放流由经济型逐步向生态型转变，且海珍品活动范围较小，民间自发底播热情高涨，2009 年之后政府扶持的海珍品底播增殖逐渐停止。截至 2009 年，全省共投入资金约 810 万元，累计底播增殖刺参、中间球海胆等苗种约 3 828.4 万单位，详见表 3-45。

表 3-45　山东省棘皮动物底播增殖基本情况（1995—2009 年）

底播增殖物种	主要功能定位	主要实施年份	投入资金（万元）	底播增殖数量（万单位）
刺参	捕捞渔民增收型	1995—2009	795	3 748.9
中间球海胆	捕捞渔民增收型	1999—2001	15	79.5
合计	—	—	810	3 828.4

　　注：刺参数量不含大耳幼体。

第七节　螠虫动物

　　山东省增殖放流的螠虫动物只有单环刺螠（Urechis unicinctus）1 种。单环刺螠属螠虫动物门（Echiurioidea）、螠纲（Echiurida）、无管螠目（Xenopneusta）、刺螠科（Urchidae）、刺螠属（*Urechis*），俗称海肠，见图 3 - 60。它是我国北方沿海泥沙岸潮间带、潮下带浅水区底栖生物的常见种。1995—1996 年，牟平海洋水产资源增殖站在当地近海开展了单环刺螠底播增殖试验，共底播增殖单环刺螠苗种约 500 万尾；2014 年，在烟台近海、昌邑近海分别底播增殖全长 10 毫米以上单环刺螠苗种 379 万尾、350 万尾。后考虑到单环刺螠回捕利用的捕捞方式严重破坏海底生态，暂停政府扶持的底播增殖。

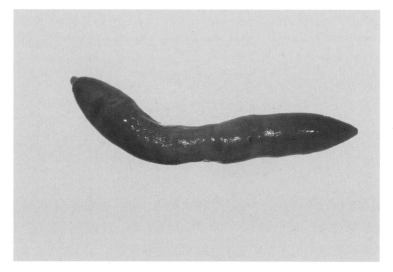

图 3 - 60　单环刺螠

第八节　环节动物

山东省增殖放流的环节动物只有双齿围沙蚕（Perinereis aibuhitensis）1 种。双齿围沙蚕俗称沙蚕、海蚂蝗、海蜈蚣等，属环节动物门（Annelida）、多毛纲（Polychaete）、游走目（Nereidida）、沙蚕科（Nereididae）、围沙蚕属（*Perinereis*），为热带、亚热带广布种。喜栖于泥沙滩潮间带，是高、中潮带的优势种。2015 年，山东省在东营广饶近海底播增殖全长 80 毫米以上双齿围沙蚕苗种 2 662 千克。

第九节　水生植物

山东省水生植物移植增殖起步较晚，主要包括鳗草、铜藻等两个物种。目前，仅鳗草增殖仍在规模化开展。截至2021年，全省共投入资金约661.8万元，累计移植增殖鳗草、铜藻等水生植物约382.19万株（粒），详见表3-46。

表3-46　山东省水生植物移植增殖基本情况（2006—2021年）

移植增殖物种	主要功能定位	主要实施年份	投入资金 （万元）	移植增殖数量 （万单位）
鳗草*	渔业种群恢复型	2017—2021	601.8	371.57
铜藻	增殖试验储备型	2017—2018	60	10.62
合计	—	—	661.8	382.19

注：* 为目前仍在移植增殖的水生植物，共1种。

鳗草

1. 增殖生物学。鳗草，又名"大叶藻"，是我国温带海域典型优势海草种，见图3-61。海草是地球上唯一一类可完全生活在海水中的被子植物，在植物进化史上拥有十分重要的地位。中国现有海草22种，约占全球海草种类总数的30%。海草床和红树林、珊瑚礁并称为三大典型近海海洋生态系统，具有极高的生态服务功能，生态服务价值超过12万元/（公顷·年），是珍贵的"海底草原""海底森林"。海草床具有强大的碳捕获和封存能力，其贮存碳的

图3-61　鳗　草

效率比森林高 90 倍，每年碳埋藏量达 2 740 万吨，固碳量是森林的 2 倍以上，碳封存能力是开阔海洋碳封存率的 180 倍。海草床拥有极高初级生产力和复杂的物理空间，对近海渔业资源具有极其重要的生态廊道作用，可为众多海洋动物（如贝类、虾蟹类、棘皮动物和鱼类等）提供产卵、育幼、摄食、栖息和庇护场所，同时也是许多动物（如大天鹅、海胆、刺参等）的重要食物来源。此外，海草床还有非常强的水质净化和调控功能，是保护海岸的天然屏障。

历史上，山东省海草资源十分丰富，胶东半岛的特色民居"海草房"就是大叶藻、虾形藻等海草种类曾广布于胶东半岛近海的最好证据，见图 3-62。近年来，随着破坏性贝类挖捕、高强度经济生物养殖及围填海、码头建设等人类活动的加剧，青岛、威海和烟台近岸海域的海草床均已大面积退化。最近调查结果显示，山东省海草床分布面积已不足 300 公顷，加快海草床修复已成当务之急。

图 3-62 荣成天鹅湖海洋牧场的海草房

2. 移植增殖概况。

（1）发展历程。2008 年，中国海洋大学张沛东教授团队开始在天鹅湖开展海草床修复。经过十余年研究，系统掌握了鳗草种子采集、保存、萌发、播种以及植株移植等关键技术，为鳗草苗种规模化培育及生态增殖积累了丰富的实践经验。鳗草规模化移植增殖始于 2017 年，至 2021 年全省共投入资金约 601.8 万元，累计播种鳗草 V 期种子约 253.7 万粒，移植株高 200 毫米以上鳗草植株约 117.87 万株。2021 年因资金落实较晚，威海市鳗草移植增殖项目当年未实施，详见表 3－47，图 3－63、图 3－64。

表 3－47　山东省鳗草移植增殖基本情况（2017—2021 年）

| 年份 | 主要增殖区域 | 计划增殖数量 | | 实际增殖数量 | | 投入资金 | |
		种子 V 期（万粒）	株高 20 厘米（万株）	种子 V 期（万粒）	株高 20 厘米（万株）	种子 V 期（万元）	株高 20 厘米（万元）
2017	天鹅湖、逍遥湖	20	10	23.5	10.8	30	30
2018	天鹅湖、逍遥湖、莱州湾	63.37	31.7	96.34	35.97	95	95
2019	天鹅湖、逍遥湖、莱州湾	63.6	31.7	66.8	35.3	95	95
2020	天鹅湖、逍遥湖、莱州湾	53.9	27	67.1	35	80.9	80.9
2021	天鹅湖、逍遥湖、桑沟湾	20	20	0	0	0	0
小计	—	220.87	120.4	253.7	117.87	300.9	300.9
合计		441.74	240.8	507.44	235.74	601.8	601.8

注：2021 年因资金落实较晚，鳗草移植增殖项目未实施。

图 3－63　鳗草植株

图 3-64　鳗草Ⅴ期种子

（2）空间分布。鳗草增殖区域主要集中在荣成天鹅湖、威海逍遥湖、莱州湾。2018—2020 年，山东省曾在莱州湾开展过 3 年试验，但效果不理想，2020 年后暂停，初步分析失败的原因可能是增殖区域海水浑浊度太高，鳗草无法进行光合作用。2021 年，鳗草增殖区域从天鹅湖、逍遥湖拓展到荣成桑沟湾，详见表 3-48、表 3-49、图 3-65、图 3-66。

表 3-48　山东省主要增殖区域鳗草（种子）移植增殖数量（2017—2021 年）

增殖海域	移植增殖数量（万粒）	增殖海域	移植增殖数量（万粒）
莱州湾莱州近海	90	天鹅湖	60.5
逍遥湖	53.8	桑沟湾	0

表 3-49　山东省主要增殖区域鳗草（植株）移植增殖数量（2017—2021 年）

增殖海域	移植增殖数量（万株）	增殖海域	移植增殖数量（万株）
莱州湾莱州近海	50.7	逍遥湖	27.38
天鹅湖	23.68	桑沟湾	0

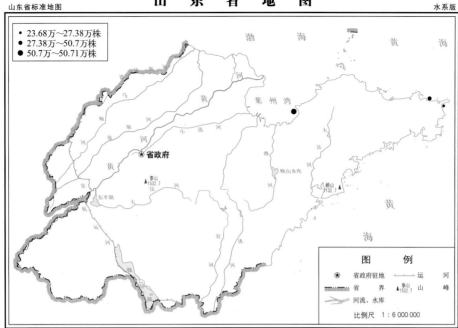

图 3-65　鳗草种子移植数量空间分布图（2017—2021 年）

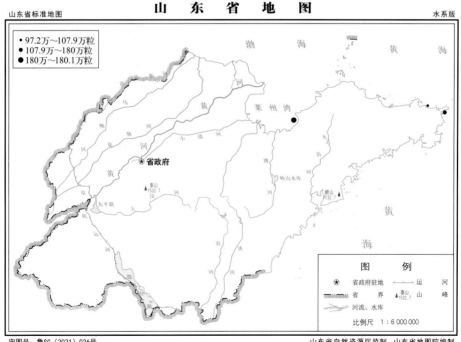

图 3-66　鳗草植株移植数量空间分布图（2017—2021 年）

（3）增殖技术。鳗草移植增殖主要采用两种方式：植株移植和种子播种，见图3-67、图3-68。植株移植方法包括移植单元捆扎法（即将一定数量的植株作作为一个移植单元，并在分生组织处用棉线绑扎后，然后插入增殖水域底质中进行移植的方法）、移植单元未捆扎法（即将一定数量的植株作为一个移植单元，不绑扎直接插入增殖水域底质中进行移植的方法）。目前，制定有行业标准《海草床建设技术规范》（SC/T 9440—2022）、团体标准《海洋牧场海草床建设技术规范》（T/SCSF 0003—2020）及山东省地方标准《大叶藻播种增殖技术规范》（DB 37/T 2295—2013）。

图3-67 植株移植单元捆扎法

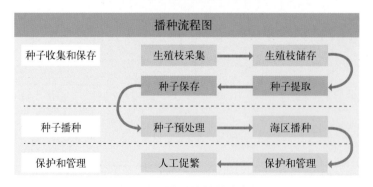

图3-68 种子移植增殖流程

3. 增殖效果。持续大规模开展鳗草移植增殖，取得了显著生态效益。中国海洋大学张沛东教授团队连续跟踪调查结果显示，逍遥湖移植增殖的鳗草长势良好，已形成稳定海草床 100 多亩，周边鱼虾、贝类等资源丰富，物种多样性明显提高。2017—2019 年，植株成活率稳步提升，2019 年调查植株密度达 324 株/米^2，比普通海区增长了 8% 以上；麻袋平铺法对种子留存、萌发均具有较好促进作用，与国际同类技术相比，种子留存率提高了 13 倍，萌发率提高了 2～3 倍，有效提升了种子利用效率。威海逍遥湖大叶藻修复效果见图 3-69。

图 3-69　威海逍遥湖大叶藻修复效果

第十节　水生野生保护动物

水生野生保护动物主要包括松江鲈、多鳞白甲鱼和日本海马等 3 种，目前仍在规模化开展。截至 2021 年，全省共投入资金约 2 682.5 万元，累计增殖放流水生野生保护动物苗种约 183.49 万尾，其中投入资金最多、增殖放流规模最大的均为多鳞白甲鱼，分别为 1 460 万元、148.59 万尾，详见表 3-50。

表 3 - 50　山东省水生野生保护动物增殖放流基本情况（2010—2021 年）

增殖放流物种	主要功能定位	主要实施年份	投入资金（万元）	增殖放流数量（万尾）
多鳞白甲鱼*	濒危物种拯救型	2010—2021	1 460	148.59
松江鲈*	濒危物种拯救型	2010—2021	1 120	24.4
日本海马*	濒危物种拯救型	2021	102.5	10.5
合计	—	—	2 682.5	183.49

注：* 为目前仍增殖放流的水生野生保护动物，共 3 种。

一、多鳞白甲鱼

多鳞白甲鱼又称赤鳞鱼、螭霖鱼，泰山地区亦称泰山赤鳞鱼，见图 3 - 70。多鳞白甲鱼是世界自然与文化遗产泰山独有的珍稀鱼类，也是泰山自然文化遗产中受保护的唯一水生动物。多鳞白甲鱼生活在海拔 270～800 米的泰山山涧溪流中，成鱼长不足 20 厘米，重不过百克，是泰山泉水哺育的珍贵山区淡水鱼，为中国鱼类珍品，也是中国五大名鱼之一。其成鱼肉质细嫩，味鲜美而不腥，为名贵肴馔，还可药用，中国唐代大诗人李白曾有诗云："鲁酒若琥珀，汶鱼（赤鳞鱼）紫锦鳞。"据《泰安史志》记载，"赤鳞鱼是历代帝王泰山封禅御膳中珍馐佳品"。1992 年，多鳞白甲鱼被确定为山东省唯一重点保护的淡水鱼类，2012 年被评为国家二级保护动物。

图 3 - 70　多鳞白甲鱼

为更好地保护这一珍贵鱼类资源，2005 年泰安市人民政府设立市级泰山赤鳞鱼保护区，2007 年出台《泰安市泰山赤鳞（螭霖）鱼保护管理办法》，2008 年农业部批准设立泰山赤鳞鱼国家级水产种质资源保护区。2010 年开始对多鳞白甲鱼规模化增殖放流，截至 2021 年全省共投入资金约 1 460 万元，累计在泰山赤鳞鱼国家级水产种质资源保护区增殖放流全长 30 毫米以上苗种约 148.59 万尾，年均投入资金约 110 万元，年均增殖放流数量约 12 万尾，详见表 3 - 51、图 3 - 71。

表 3 - 51　山东省多鳞白甲鱼增殖放流基本情况（2010—2021 年）

年份	主要增殖区域	苗种规格 （全长，毫米）	增殖放流数量 （万尾）	投入资金 （万元）
2010	泰山螭霖鱼保护区	≥30	10	100
2011	泰山螭霖鱼保护区	≥30	10	100
2012	泰山螭霖鱼保护区	≥30	11	110
2013	泰山螭霖鱼保护区	≥30	11	110
2014	泰山螭霖鱼保护区	≥30	13	130
2015	泰山螭霖鱼保护区	≥30	13	130
2016	泰山螭霖鱼保护区	≥30	13	130
2017	泰山螭霖鱼保护区	≥30	13	130
2018	泰山螭霖鱼保护区	≥30	13	130
2019	泰山螭霖鱼保护区	≥30	13.85	130
2020	泰山螭霖鱼保护区	≥30	13.9	130
2021	泰山螭霖鱼保护区	≥30	13.84	130
合计	—	—	148.59	1 460

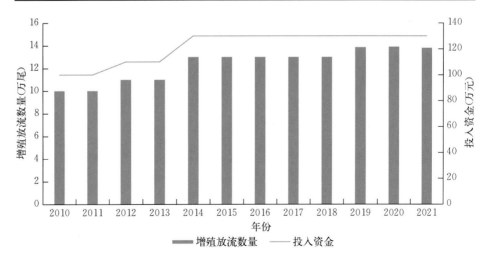

图 3 - 71　山东省多鳞白甲鱼增殖放流数量与投入资金情况（2010—2021 年）

二、松江鲈

松江鲈属辐鳍鱼纲（Actinopterygii）、鲉形目（Scorpaeniformes）、杜父鱼科（Cottidae）、松江鲈属（*Trachidermus*），又称四鳃鲈，见图 3-72。我国四大淡水名鱼之一，国家二级重点保护水生野生动物，黄、渤海和东海均有分布。降河产卵性鱼类，一般在与海相通的淡水河川区域生长育肥，性成熟后降河入海产卵，幼鱼回到淡水河川中生活。近年来，由于栖息地破坏、环境污染等原因，自然资源受到严重威胁。

图 3-72 松江鲈

为保护这一珍贵水生动物资源，威海市文登市分别于 2007 年、2009 年成立了"文登市国家级水产种质资源保护区""文登市海洋生态国家级海洋特别保护区"，2010 年又建立了文登省级松江鲈鱼原种场，开始松江鲈规模化增殖放流。2020 年，山东省将松江鲈增殖区域从文登靖海湾国家级松江鲈种质资源保护区逐步拓展到莱州湾、蓬莱近海。2010—2021 年，全省共投入资金约1 120 万元，累计增殖放流全长 20 毫米以上松江鲈苗种约 24 万尾，年均投入资金 100 万元，年均增殖放流数量 2 万尾，见表 3-52、图 3-73。

表 3-52　山东省松江鲈增殖放流基本情况（2010—2021 年）

年份	主要增殖区域	苗种规格（全长，毫米）	计划增殖放流数量（万尾）	实际增殖放流数量（万尾）	投入资金（万元）
2010	文登松江鲈保护区	≥30	1.2	1.2	60
2011	文登松江鲈保护区	≥30	1.2	1.2	60
2012	文登松江鲈保护区	≥30	1.4	1.4	70

年份	主要增殖区域	苗种规格（全长，毫米）	计划增殖放流数量（万尾）	实际增殖放流数量（万尾）	投入资金（万元）
2013	文登松江鲈保护区	≥20	1.4	1.4	70
2014	文登松江鲈保护区	≥20	2	2.2	100
2015	文登松江鲈保护区	≥20	2	2.14	100
2016	文登松江鲈保护区	≥20	2	2.03	100
2017	文登松江鲈保护区	≥20	2	2.31	100
2018	文登松江鲈保护区	≥20	2	2.24	100
2019	文登松江鲈保护区	≥20	2	2.28	100
2020	文登松江鲈保护区、莱州湾	≥20	2.6	2.8	130
2021	文登松江鲈保护区、莱州湾、蓬莱近海	≥20	2.6	2.84	130
合计	—	—	22.4	24.04	1 120

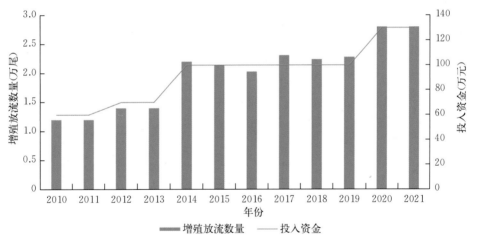

图 3-73 山东省松江鲈增殖放流数量与投入资金情况（2010—2021 年）

经过 40 年反复实践与探索，山东省公益性增殖放流物种结构逐步趋于成熟和稳定，目前全省主要开展六大功能类型 28 个物种的增殖放流。六大功能类型分别为近海捕捞渔民增收型、海洋牧场休闲海钓产业促进型、渔业种群恢复型、濒危物种拯救型、生物生态净水型、增殖试验储备型等。其中，近海捕捞渔民增收型是指以促进近海捕捞渔民增产增收为主要目的的大宗传统经济物种，主要包括中国对虾、日本对虾、海蜇、三疣梭子蟹、金乌贼 5 种；海洋牧场休闲海钓产业促进型是指以促进游钓型海洋牧场、休闲海钓产业发展为主要目的的鱼类，主要包括许氏平鲉、大泷六线鱼、斑石鲷、黑鲷、褐牙鲆、黄姑鱼 6 种；渔业种群恢复型是指以促进持续衰退水生生物资源种群修复为主要目的的物种，主要包括圆斑星鲽、钝吻黄盖鲽、半滑舌鳎、曼氏无针乌贼、短蛸、中华绒螯蟹、鳗草 7 种；濒危物种拯救型是指以拯救珍稀濒危物种、维护生物多样性为主要目的的物种，主要包括多鳞白甲鱼、松江鲈和日本海马 3 种；生物生态净水型是指以保障东平湖、南四湖城市水系和饮用水水源地水质清洁为主要目的的滤食性或草食性鱼类，主要包括鲢、鳙、草鱼 3 种；增殖试验储备型是指以开展技术储备、增强发展后劲为主要目的的试验物种，主要包括绿鳍马面鲀、真鲷、条石鲷、黄条鰤 4 种。

党的十九大以来（2017—2021 年），全省共投入增殖放流资金约 12.54 亿元，累计增殖放流上述六大类 28 个物种水产苗种约 294.99 亿单位，其中增殖放流投入最多的类型是近海捕捞渔民增收型，为 5.93 亿元，其次是海洋牧场休闲海钓产业促进型、生物生态净水型，分别约为 3.35 亿元、1.93 亿元；增殖放流数量最多的类型是近海捕捞渔民增收型，为 285.69 亿单位，其次是生物生态净水型、海洋牧场休闲海钓产业促进型，分别约为 4.96 亿单位、3.45 亿单位；增殖放流投入最多的物种是中国对虾，为 2.66 亿元，其次是三疣梭子蟹、海蜇，分别约为 1.44 亿元、1.11 亿元；增殖放流数量最多的物种是中国对虾，为 188.46 亿尾，其次是日本对虾、海蜇，分别约为 42.37 亿尾、37.77 亿头，详见表 3-53、图 3-74 至图 3-76。

表 3-53　近 5 年来山东省公益性增殖放流主要物种基本情况（2017—2021 年）

功能类型	增殖物种	苗种规格	投入资金 （万元）	增殖放流数量 （万单位）
近海捕捞渔民 增收型（5 种）	中国对虾	体长≥10 毫米	12 842.2	1 268 512.22
		体长≥25 毫米	13 795.89	616 087.24
		小计	26 638.09	1 884 599.46
	三疣梭子蟹	稚蟹二期	14 445.48	168 655.59
	海蜇	伞径≥10 毫米	11 112.08	377 706.41
	日本对虾	体长≥10 毫米	4 043.2	423 692.45
	金乌贼	幼乌	1 809	1 101.16
		受精卵	1 253.6	1 161.23
		小计	3 062.6	2 262.39
	小计	—	59 301.45	2 856 916.3

功能类型	增殖物种	苗种规格	投入资金 （万元）	增殖放流数量 （万单位）
海洋牧场休闲海钓 产业促进型 （6种）	许氏平鲉	全长≥30毫米	10 243.25	13 575.42
	黑鲷	全长≥30毫米	8 578.62	11 319.29
	褐牙鲆	全长≥50毫米	6 843.36	7 344.66
	大泷六线鱼	全长≥50毫米	5 087.2	1 589.2
	斑石鲷	全长≥30毫米	1 384	274.46
	黄姑鱼	全长≥50毫米	1 329.48	438.06
	小计	—	33 465.91	34 541.09
渔业种群恢复型 （7种）	半滑舌鳎	全长≥50毫米	6 330.3	3 578.26
	钝吻黄盖鲽	全长≥50毫米	1 079.1	963.21
	圆斑星鲽	全长≥50毫米	1 522.48	494.67
	鳗草	种子、植株	601.8	371.57
	曼氏无针乌贼	受精卵	344.5	346
	短蛸	全长≥10毫米	146.26	79.18
	中华绒螯蟹	扣蟹	981.16	2 582
	小计	—	11 005.6	8 414.89
濒危物种拯救型 （3种）	多鳞白甲鱼	全长≥30毫米	650	67.55
	松江鲈	全长≥20毫米	560	12.47
	日本海马	全长≥30毫米	102.5	10.5
	小计	—	1 312.5	90.52
生物生态净水型 （3种）	鲢、鳙	全长≥50毫米	15 133	42 979.8
	草鱼	全长≥50毫米	4 201.2	6 627.03
	小计	—	19 334.2	49 606.83
增殖试验储备型 （4种）	绿鳍马面鲀	全长≥50毫米	492	151.52
	条石鲷	全长≥50毫米	240	41.03
	真鲷	全长≥50毫米	223	101.90
	黄条鰤	—	0	0
	小计	—	955	294.45
合计		—	125 374.66	2 949 864.08

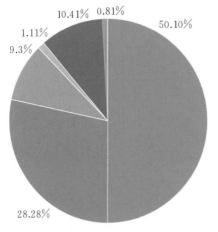

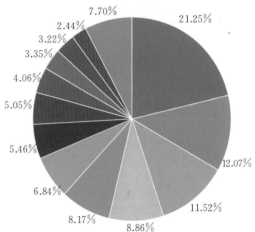

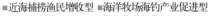

■近海捕捞渔民增收型　■海洋牧场海钓产业促进型
■渔业种群恢复型　　　■濒危物种拯救型
■生物生态净水型　　　■增殖试验储备型

■中国对虾　■三疣梭子蟹　■海蜇　■许氏平鲉
■半滑舌鳎　■大泷六线鱼　■草鱼　■日本对虾
■鲢、鳙　　■黑鲷　　　　■金乌贼　■褐牙鲆　■其他

图 3 - 74　近 5 年来山东省公益性增殖
　　　　　放流六大功能类型投入
　　　　　饼状图（2017—2021 年）

图 3 - 75　近 5 年来山东省公益性增殖
　　　　　放流主要物种投入饼状图
　　　　　（2017—2021 年）

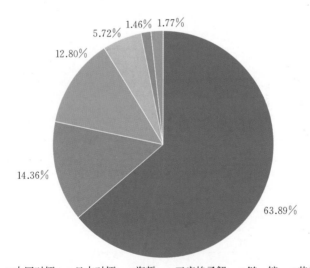

■中国对虾　■日本对虾　■海蜇　■三疣梭子蟹　■鲢、鳙　■其他

图 3 - 76　近 5 年来山东省公益性增殖放流主要物种数量饼状图（2017—2021 年）

4 第四章
山东省水生生物增殖放流经验与做法

第一节 主要做法

　　水生生物增殖放流是山东省促进渔业经济发展、打造现代化海洋牧场、建设水域生态文明的一项重大举措，全省各级渔业主管部门以对广大渔民群众和生态文明高度负责的态度，强化措施、创新管理、科学务实、积极作为，确保了增殖放流工作始终干在实处、走在前列。

一、规划引领

　　增殖放流是一项复杂的系统工程，影响因素多，技术要求高，生态安全风险高，必须统筹规划、科学实施，才能取得预期效果。1998年，山东省首次将增殖放流纳入"海上山东"四大建设工程之海洋农牧化建设工程；2002年，组织编制首个《山东省海洋渔业资源增殖区划与规划》；2004年，高起点论证编制《山东省渔业资源修复行动规划（2005—2015年）》，并由省政府批准实施，确立增殖放流中长期目标任务和行动措施。2016年之后，又先后将增殖放流纳入《山东省"海上粮仓"建设规划（2015—2020年）》《山东省新旧动能转换重大工程实施规划》《山东海洋强省建设行动方案》《山东省乡村振兴战略规划（2018—2022年)》《山东省现代化海洋牧场建设综合试点方案》等一系列重大战略规划和决策部署，强化顶层设计、系统谋划推进。2021年，专题编制了全国唯一的省级"十四五"增殖放流发展规划《山东省"十四五"水生生物增殖放流发展规划》。多年来，正是在系列发展规划及战略的科学引领下，山东省增殖放流事业才能顺势而为、梯度推进，并不断发展壮大，相关规划详见表4-1。

表4-1　山东省增殖放流相关规划一览表（1998—2021年）

序号	时间	相关规划	相关工作部署
1	1998	"海上山东"四大建设工程之海洋农牧化建设工程	采取放流苗种、苗种底播、苗种移植、投放人工鱼礁、营造"海底森林"等措施，加快增殖业发展

第四章　山东省水生生物增殖放流经验与做法　|133

序号	时间	相关规划	相关工作部署
2	2002	《山东省海洋渔业资源增殖区划与规划》	将渔业资源增殖区划分为泛黄河三角洲滩贝类资源增殖区、半岛海珍品与鱼虾类资源增殖区、海州湾鱼类、头足类资源增殖区；规划到2010年，全省共增殖放流各类海洋水产苗种100亿单位
3	2005	《山东省渔业资源修复行动规划（2005—2015年）》	明确了增殖放流发展的中长期目标任务、行动措施，在全国率先对渔业资源进行全方位、立体式、系统性修复。规划到2015年，增殖放流的重要渔业物种苗种数量每年达150亿尾，底播增殖贝类苗种达100万亩；传统优质渔业种群资源衰退趋势得到遏制并有所恢复，渔业资源结构有所改善，渔获组成中优质物种比例提高到30%左右
4	2009	《山东省水生生物增殖放流规划（2010—2015年）》	初步构建了"特色鲜明、定位清晰、布局合理、生态高效"的水生生物增殖放流目标体系。规划到2015年，全省增殖放流总规模达到260亿尾（粒），其中，各级财政扶持增殖各类水生生物苗种由2010年30亿尾（粒）达到60亿尾（粒）以上；群众性底播增殖规模由2010年150亿粒达到200亿粒
5	2014	《关于推进"海上粮仓"建设的实施意见》（鲁政办发〔2014〕49号）	首次将渔业增殖业作为五大主导产业之一进行高点定位、系统谋划，并将以增殖放流、人工鱼礁和藻场建设为主要内容的海洋牧场首次定位为"海上粮仓"核心区。计划到2020年，全省增殖放流数量达到100亿单位
6	2016	《山东省"海上粮仓"建设规划（2015—2020年）》（鲁政字〔2016〕157号）	稳步扩大公益性增殖放流规模，使公益性增殖放流向生态效益型和渔民增收型并重发展。充分发挥公益性增殖放流的示范带动作用，探索将每年6月6日定为山东放鱼节，成立放流协会，设立放鱼台，引导社会资金参与公益性增殖放流。至2020年，在全省近海建设放鱼台50处，公益性增殖放流数量稳步扩大到100亿单位，回捕产量10万吨，实现年产值70亿元

序号	时间	相关规划	相关工作部署
7	2016	《关于加快推进生态文明建设的实施方案》（鲁发〔2016〕11号）	实施浅海海底森林营造工程，建设海洋牧场；在南四湖、东平湖、黄河口等重要水域开展水生生物增殖放流活动等
8	2018	《山东省新旧动能转换重大工程实施规划》（鲁政发〔2018〕7号）	高质量建设"海上粮仓""国家级海洋牧场示范区"等
9	2018	《山东海洋强省建设行动方案》（鲁发〔2018〕21号）	高水平建设"海上粮仓"；培育一批海洋生态牧场综合体；实施生态增养殖工程，坚持全省统一布局，有序修复渔业生态链，到2022年，本土水生生物资源增殖规模达到100亿单位等
10	2018	《山东省乡村振兴战略规划（2018—2022年）》（鲁发〔2018〕20号）	落实习近平总书记关于经略海洋的重要指示精神，大力推进"海上粮仓"建设，实现"种粮于海、产粮于海、存粮于海"；启动新一轮海洋牧场示范创建三年计划，高质量打造现代化海洋牧场；做大渔业增殖业；实施水生生物增殖放流，有序修复渔业生态链等
11	2019	《山东省现代化海洋牧场建设综合试点方案》（鲁政字〔2019〕12号）	探索适合不同海域特点的渔业增殖放流物种结构和规模。结合人工鱼礁投放，完善18处渔业增殖示范站建设，在海洋牧场试点区及周边重要海湾、岛礁，因地制宜增殖放流海洋生物资源，合理确定增殖物种和规模。开展海洋生物资源本底调查和增殖绩效评估，依托海洋牧场管护平台设置增殖放流站，探索增殖放流从定性粗放到定量精准的增殖路子等
12	2021	《山东省"十四五"水生生物增殖放流发展规划》（鲁发规字〔2022〕15号）	首次坚持公益性增殖放流、群众性底播增殖、社会性放流放生等三位一体统筹规划。规划到2025年，初步构建"区域特色鲜明、目标定位清晰、布局科学合理、规模稳定适度、管理规范有效、支撑全面有力、社会参与广泛、综合效益显著"的水生生物增殖放流科学发展体系；"十四五"期间，全省规划每年公益性增殖放流苗种数量达到70亿单位以上；群众性底播增殖和社会放流放生得到进一步科学规范和引导，水域生态安全更有保障，社会力量对水生生物资源养护的贡献率进一步提升

二、规范化管理

为强化增殖放流规范化管理，山东省从1987年开始先后出台了《全省海洋水产资源增殖工作规范》《山东省渔业资源修复行动计划专项资金管理暂行办法》《山东省渔业资源修复行动计划渔业资源增殖项目管理办法》《山东省渔业资源修复行动增殖站管理暂行办法》等十余个增殖放流规范性文件，初步建立了增殖放流项目申报审批、苗种检验检疫、标准化操作、增殖放流监督制约、增殖效果评价等管理机制，使增殖放流管理内容更加具体，程序更加规范，保障了增殖放流的顺利实施。2008年，省政府规章《山东省渔业养殖与增殖管理办法》（山东省人民政府令第206号）颁布实施，山东省成为全国第一个出台增殖放流省政府规章的省份。2014年，将《山东省水生生物资源养护管理条例》纳入省政府二类立法计划，开创全国省级水生生物资源养护立法之先河。2019年，为积极推进全国水生生物资源养护立法，向农业农村部渔业渔政管理局报送了《关于加快构建我国水生生物资源养护法律法规体系的建议》报告，报告分析了加快建立健全我国水生生物资源养护法律法规体系的重要性、必要性、可行性，并给出了建设性意见建议。山东省出台的增殖放流规章制度、规范性文件详见表4-2。

表4-2 山东省出台的增殖放流规章制度、规范性文件

序号	时间	文件名称	文件性质	印发单位
1	1987	《山东黄海沿岸对虾增殖保护基金筹集、使用管理暂行办法》	规范性文件	山东省海洋水产资源增殖管理委员会
2	1988	《山东近海增殖对虾管理暂行办法》[（88）鲁渔管字第14号]	规范性文件	山东省水产局
3	1988	《山东省对虾增殖放苗验收暂行办法》[（88）鲁捕增字第1号]	规范性文件	山东省海洋水产资源增殖管理委员会
4	1992	《魁蚶底播增殖验收办法》	规范性文件	山东省海洋捕捞生产管理站
5	1998	《山东省海洋水产资源增殖放流管理暂行规定》（鲁渔海计〔1998〕36号）	规范性文件	山东省海洋与水产厅

序号	时间	文件名称	文件性质	印发单位
6	1998	《山东省黄海对虾放流增殖实施办法》（鲁渔海计〔1998〕36 号）	规范性文件	山东省海洋与水产厅
7	1999	《全省海洋水产资源增殖工作规范》（鲁渔海渔〔1999〕1 号）	规范性文件	山东省海洋与水产厅
8	2000	《山东省黄海中国对虾增殖管理暂行办法》（鲁渔海渔〔2000〕5 号）	规范性文件	山东省海洋与水产厅
9	2000	《山东省海洋水产资源增殖先进集体及先进个人评选奖励暂行办法》（鲁渔海渔〔2000〕5 号）	规范性文件	山东省海洋与水产厅
10	2000	《对虾放流验收人员工作考核奖惩暂行办法》（鲁捕管〔2000〕5 号）	规范性文件	山东省海洋捕捞生产管理站
11	2004	《山东省海洋水产资源增殖放流管理暂行规定》（鲁海渔函〔2004〕52 号）	规范性文件	山东省海洋与渔业厅
12	2005	《山东省渔业资源修复行动计划渔业资源人工增殖项目管理办法》（鲁海渔函〔2005〕95 号），2007 年又进行了修订	规范性文件	山东省海洋与渔业厅
13	2005	《山东省渔业资源修复行动计划专项资金管理暂行办法》（鲁海渔函〔2005〕95 号）	规范性文件	山东省海洋与渔业厅
14	2007	《山东渔业资源修复省级增殖站管理暂行办法》（鲁海渔函〔2007〕293 号）	规范性文件	山东省海洋与渔业厅
15	2008	《山东省渔业养殖与增殖管理办法》（山东省人民政府令第 206 号）	政府规章	山东省人民政府

三、多元化投入

建立稳定的资金投入长效机制，是做大做强增殖放流事业的根本前提。2005 年，山东省将包括增殖放流在内的渔业资源修复行动计划纳入了省财政预算内专项扶持项目。2015 年，设立山东省"海上粮仓"建设发展资金。2016 年，国内渔业成品油价格改革财政补贴一般转移支付资金开始用于增殖放流。经过多年努力，目前已初步建立了以国内渔业成品油价格改革财政补贴一般转移支付资金（成品油价格调整对渔业发展补助资金）、中央财政农业资源及生态保护补助项目资金为主，各类生态补偿费、社会捐助等为补充的多元化资金投入机制。1984—2021 年，全省累计投入公益性增殖放流资金约 30.13 亿元，其中各级财政（含渔业成品油价格改革财政补贴一般转移支付资金、成品油价格调整对渔业发展补助资金等）投入约 27.63 亿元，各类生态补偿费、社会捐助等其他资金约 2.48 亿元。近年来，每年全省增殖放流资金规模约 2 亿～2.5 亿元，约占全国年度增殖放流总投入的 1/5 以上。在各级政府的投资引导和广泛宣传影响下，全社会的水生生物资源养护意识普遍增强，越来越多的企业和社会公众参与到增殖放流事业当中，已成为全省增殖放流事业的一支重要力量。在公益性增殖放流活动的示范带动下，群众性底播增殖蓬勃发展。据不完全统计，目前山东省沿海群众性底播增殖面积达 150 万亩，每年底播增殖水产苗种约 1 500 亿粒（头），年均投资达 15 亿元以上。

四、标准化放流

山东省坚持向标准要效益，统一规范增殖放流工作，提升增殖放流质量与效果，在全国率先推行标准化放流。2004 年，由原山东省海洋捕捞生产管理站负责制定的地方标准《日本对虾放流增殖技术规范》（DB37/T 468—2004）发布实施，填补了国内增殖放流标准的空白。2010 年，山东省海洋捕捞生产管理站负责制定的我国第一个增殖放流行业标准《水生生物增殖放流技术规程》（SC/T 9401—2010）发布实施。目前，山东省共牵头制定增殖放流行业标准 8 项、团体标准 1 项，组织制定地方标准 19 项，是国内制定增殖放流标准最早、最多、最富成效的省份，基本实现所有增殖放流物种放流操作有章可循。实施标准化增殖放流对加强增殖放流项目监管、确保水域生态安全、提高增殖放流苗种成活率及增殖效益均发挥了重要作用。山东省负责制定的增殖放流行业标准、团体标准、地方标准见表 4 - 3。

表 4 - 3　山东省负责制定的增殖放流行业标准、团体标准、地方标准

序号	标准名称	标准编号	标准类型
1	《水生生物增殖放流技术规程》	SC/T 9401—2010	行业标准
2	《水生生物增殖放流技术规范 中国对虾》	SC/T 9419—2015	行业标准
3	《水生生物增殖放流技术规范 日本对虾》	SC/T 9421—2015	行业标准

序号	标准名称	标准编号	标准类型
4	《水生生物增殖放流技术规范 鲆鲽类》	SC/T 9422—2015	行业标准
5	《水生生物增殖放流技术规范 三疣梭子蟹》	SC/T 9415—2014	行业标准
6	《水生生物增殖放流技术规范 金乌贼》	SC/T 9434—2019	行业标准
7	《水生生物增殖放流技术规范 许氏平鲉》	SC/T 9424—2016	行业标准
8	《水生生物增殖放流技术规范 大泷六线鱼》	SC/T 9445	行业标准
9	《海草床建设技术规范》	SC/T 9440—2022	行业标准
10	《海洋牧场海草床建设技术规范》	T/SCSF 0003—2020	团体标准
11	《日本对虾放流增殖技术规范》	DB37/T 468—2004	地方标准
12	《中国对虾放流增殖技术规范》	DB37/T 704—2007	地方标准
13	《三疣梭子蟹放流增殖技术规范》	DB37/T 715—2007	地方标准
14	《牙鲆放流增殖技术规范》	DB37/T 718—2007	地方标准
15	《水生生物增殖放流技术规范 金乌贼》	DB37/T 2708—2007	地方标准
16	《渔业增殖站设置要求》	DB37/T 1789—2011	地方标准
17	《魁蚶底播增殖技术规范》	DB37/T 2079—2012	地方标准
18	《文蛤底播增殖技术规范》	DB37/T 2099—2012	地方标准
19	《菲律宾蛤底播增殖技术规范》	DB37/T 2073—2012	地方标准
20	《青蛤底播增殖技术规范》	DB37/T 2304—2013	地方标准
21	《大叶藻播种增殖技术规范》	DB37/T 2295—2013	地方标准
22	《淡水鱼类增殖放流技术规范》	DB37/T 2300—2020	地方标准
23	《缢蛏底播增殖技术规范》	DB37/T 2777—2016	地方标准
24	《水生生物增殖放流技术规范 曼氏无针乌贼》	DB37/T 3627—2019	地方标准
25	《水生生物增殖放流技术规范 海蜇》	DB37/T 424—2020	地方标准
26	《水生生物增殖放流技术规范 黑鲷》	DB37/T 2075—2020	地方标准
27	《水生生物增殖放流技术规范 许氏平鲉》	DB37/T 705—2020	地方标准
28	《水生生物增殖放流技术规范 黄姑鱼》	DB37/T 4463—2021	地方标准
29	《内陆水域"测水配方"水生态养护技术规范》	DB37/T 4332—2021	地方标准

五、苗种供应制度

苗种是增殖放流持续健康发展的根本前提。增殖放流初期，因缺乏增殖放流苗种供应体系，增殖放流苗种一直吃水产养殖的"剩饭"，1987 年增殖放流工作因苗种严重短缺被迫中断一年。为摆脱被动局面，自 1987 年起，山东省利用柴油借资款群众集资的方法，开始在沿海建设"海洋水产资源增殖站"，走"自繁、自育、自放"的发展路子；至 1990 年底，全省共建成日照海洋水产资源增殖站等海洋水产资源增殖站 23 处，按事业单位列编，黄海沿岸增殖放流苗种供应基地网络初步形成，为山东省增殖业持续健康发展奠定了坚实基础。

2002—2005 年，山东省引入市场竞争机制，采用招标方式采购增殖放流苗种。2005 年实施渔业资源修复行动计划后，增殖放流资金投入逐年增多，增殖放流规模越来越大，增殖放流工作的规范性、科学性要求也日益提高，政府采购的苗种供应机制难以满足工作需要，主要弊端有 3 点：①山东省增殖放流物种多、规模大、战线长，若直接政府采购增殖放流苗种，一方面，由于山东省地处北方，水温较南方低，亲体越冬困难，能够养殖的物种较少，很多非常好的增殖放流物种因不能养殖而没有市场，竞标者在无生产预期的情况下，不敢贸然提前进行苗种培育，而水产育苗时令性非常强，结果往往导致或放流项目不能当年实施，或中标后从南方等地购买苗种放流；而从南方购买苗种放流，往往苗种来源不清楚，有的还属于同一种的不同种群，种质和质量无法保障，交易和运输过程增加成本，故购买苗种放流易造成疫情传播、种群污染并因两地水环境差异较大而致使苗种成活率下降，最终影响水域生态安全和增殖放流成效。另一方面，因招投标前无法确定供苗单位，行业主管部门不能提前从生产源头开始进行有针对性的苗种质量全天候、无缝隙监管，增殖放流苗种质量难以保障，给生态安全带来隐患。②水产苗种繁育和增殖放流季节性都很强，且最佳放流期很短，而资金下达后，层层审批分配、招投标等工作需要较长时间才能完成，易错过育苗期，甚至错过最佳增殖放流季，严重影响增殖放流效果。③随着增殖放流规模的不断扩大，招标产生的行政管理成本也很高，每年至少达到数百万元。从长远来看，政府招标采购影响增殖放流工作深入持续开展，一是无生产预期，不利于苗种生产单位开展前期生产准备和持续投入；二是不利于科研推广部门进行技术指导和科学试验；三是不利于各级渔业主管部门有效监管；四是部分中标单位技术水平和育苗能力不足，苗种质量难以保证。

为解决上述问题，山东省从水产苗种繁育特点及增殖放流工作实际出发，自 2006 年开始，将招标增殖放流苗种改为招标增殖点，建立了相对稳定的增殖放流苗种供应体系。2006 年，共选划出中国对虾、日本对虾、海蜇等省全额扶持增殖点 25 个。2007 年，制定出台《山东渔业资源修复省级增殖站管理暂行办法》，实行增殖站"年度考核、动态管理"制度，原则上每 3 年对省级增殖站全面调整一次。2008 年，三疣梭子蟹首次纳入省管物种，增殖站定点供苗制度正式确立。2011 年，为进一步规范增殖站选划工作，制定出台《渔业增殖站设置要求》（DB37/T 1789—2011）地方标准。截至 2020 年，全省共设置 22 个物种省级增殖站 268 处，其中海水 232 处，淡水 36 处。2021年，省农业农村厅印发《山东省 2021—2023 年度增殖放流布局方案》（鲁农渔字〔2021〕9 号），共设置 28 个物种，339 个增殖放流点，其中海水 300个，淡水 39 个。2016 年之前，山东省增殖放流任务由省级统筹安排，省级渔业增殖站直接承担，不需履行政府采购程序，效率很高、效果很好。2016年之后，各级财政政策收紧，各级财政均要求增殖放流苗种必须依法由政府采购，省级渔业增殖站原有功能基本丧失，基于渔业增殖站的增殖放流供苗体系崩溃，增殖放流效果受到很大影响。增殖放流苗种供应体系建设发展历程详见表 4-4。

表 4-4　山东省增殖放流苗种供应体系建设发展历程

序号	年份	供苗机制	主要内容
1	1984—1987	增殖放流苗种吃养殖"剩饭"	先养殖后放流，87 年中断一年
2	1987—2001	建立专门的海洋水产资源增殖站	首批建成 18 处，至 1990 年共建成 23 处，按事业单位列编
3	2002—2005	由原山东省海洋捕捞生产管理站会同相关市级渔业主管部门组织招标（非政府采购）	引入市场竞争，但弊端较多，难以满足渔业资源修复行动实施后大规模增殖放流的工作需要
4	2006	省级渔业主管部门邀请招标，实行增殖点供苗	全省共选出中国对虾、日本对虾、海蜇等省全额扶持增殖点 25 个，其中中国对虾 11 个，日本对虾 10 个，海蜇 4 个

序号	年份	供苗机制	主要内容
5	2007	初步建立渔业增殖站定点供苗制度	新增增殖点 11 个，其中中国对虾 5 个，日本对虾 2 个，海蜇 4 个；出台《山东渔业资源修复省级增殖站管理暂行办法》
6	2008	正式确立渔业增殖站定点供苗制度	首次选划三疣梭子蟹省级增殖站 35 处
7	2009	渔业增殖站定点供苗	选划中国对虾、日本对虾、海蜇省级增殖站 51 处，其中中国对虾 20 处，日本对虾 18 处，海蜇 13 处
8	2010	渔业增殖站定点供苗	增设魁蚶、中国对虾、海蜇省级增殖站 11 处，其中魁蚶 5 处，中国对虾 4 处，海蜇 2 处
9	2011	渔业增殖站定点供苗	为规范渔业增殖站设置，出台《渔业增殖站设置要求》（DB37/T 1789—2011）地方标准
10	2012—2014	渔业增殖站定点供苗	选划中国对虾、日本对虾、海蜇、三疣梭子蟹等省级增殖站 114 处，其中中国对虾 30 处，日本对虾 19 处，海蜇 18 处，三疣梭子蟹 47 处，承担 2012—2014 年增殖放流任务
11	2015—2017	省级增殖站供苗；2016 年开始，增殖放流苗种必须履行政府采购程序	设置 10 个海洋物种省级增殖站 155 处，其中，中国对虾 36 处，日本对虾 15 处，海蜇 21 处，三疣梭子蟹 47 处，金乌贼 2 处，黑鲷 13 处，许氏平鲉 17 处，褐牙鲆 2 处，钝吻光盖鲽 1 处，大泷六线鱼 1 处，承担 2015—2017 年增殖放流任务
12	2017	省级增殖站供苗；同时，增殖放流苗种必须履行政府采购程序	增设省级增殖站 33 处，其中黑鲷 5 处，许氏平鲉 3 处，大泷六线鱼 5 处，半滑舌鳎 2 处，褐牙鲆 1 处，金乌贼 9 处，圆斑星鲽 1 处，斑石鲷 1 处，海蜇 2 处，鳗草 2 处，铜藻 1 处

序号	年份	供苗机制	主要内容
13	2018—2020	省级增殖站供苗；同时，增殖放流苗种必须履行政府采购程序	设置 22 个物种省级增殖站 268 处，其中海水 232 处（中国对虾 37 处，日本对虾 14 处，三疣梭子蟹 46 处，海蜇 28 处，金乌贼 9 处，褐牙鲆 8 处，半滑舌鳎 16 处，钝吻黄盖鲽 2 处，圆斑星鲽 3 处，黑鲷 24 处，许氏平鲉 26 处，大泷六线鱼 10 处，斑石鲷 1 处，鳗草 4 处，铜藻 1 处，黄姑鱼 2 处，短蛸 1 处，曼氏无针乌贼 2 处，莱氏拟乌贼 1 处），淡水 36 处，承担 2018—2020 年增殖放流任务
14	2021—2023	增殖放流苗种必须依法由政府采购，省级增殖站定点供苗制度取消	设置 28 个物种，339 个增殖放流点，其中海水 300 个（中国对虾 41 处，三疣梭子蟹 50 处，海蜇 33 处，日本对虾 14 处，金乌贼 10 处，黑鲷 26 处，许氏平鲉 36 处，大泷六线鱼 6 处，斑石鲷 2 处，褐牙鲆 26 处，钝吻黄盖鲽 3 处，圆斑星鲽 3 处，半滑舌鳎 24 处，黄姑鱼 5 处，短蛸 1 处，曼氏无针乌贼 4 处，鳗草 3 处，日本海马 2 处，绿鳍马面鲀 7 处，真鲷 1 处，黄条鰤 1 处，条石鲷 2 处），淡水 39 个，作为 2021—2023 年全省增殖放流布局

　　40 年增殖放流供苗制度的反复实践充分表明：设置渔业增殖站建立稳定的增殖放流定点供苗体系，对保障增殖放流生态安全，提升增殖放流效果，促进增殖放流事业高质量发展等具有重要战略意义，这也是山东省增殖放流工作能够始终领跑全国的最大特色和制胜法宝。近年来，山东省增殖站定点供苗的经验做法得到了各级行业主管部门和专家学者的充分肯定，2018 年、2019 年农业农村部连续两年在全国推介山东省经验做法，并将山东省建立增殖放流苗种供应体系的经验做法纳入全国"十四五"增殖放流工作指导意见。2022 年，农业农村部渔业渔政管理局借鉴山东经验，组织全国确定一批增殖放流苗种供应单位，建立全国增殖放流苗种供应体系，山东理念在全国落地生根。

　　为以点带面，进一步提升和拓展增殖放流功能，推动增殖放流事业转型升级提质增效，2018 年初，山东省从原有省级海水增殖站中高起点、高标准组织评定了 18 处集增殖放流项目示范、社会放流规范引导、水生生物资源养护科普、增殖放流技术创新等功能于一体的省级渔业增殖示范站，打造了省级渔业增殖站升级版。省级渔业增殖示范站名单及示范物种详见表 4-5。

表 4-5　山东省级渔业增殖示范站名单（18 处）

序号	示范站名称	示范物种
1	莱州明波水产有限公司	斑石鲷、半滑舌鳎
2	烟台开发区天源水产有限公司	三疣梭子蟹、黑鲷、大泷六线鱼、褐牙鲆、金乌贼
3	威海圣航水产科技有限公司	大泷六线鱼、黑鲷、许氏平鲉
4	荣成烟墩角水产有限公司	黑鲷、许氏平鲉
5	山东富瀚海洋科技有限公司	海蜇、黑鲷、金乌贼
6	山东海渔水产良种引进开发中心	中国对虾、海蜇、金乌贼、三疣梭子蟹
7	日照市富良水产育苗有限公司	三疣梭子蟹
8	烟台宗哲海洋科技有限公司	海蜇、黑鲷、许氏平鲉
9	昌邑市海丰水产养殖有限责任公司	中国对虾、三疣梭子蟹、海蜇
10	山东科合海洋高技术有限公司	圆斑星鲽
11	昌邑市海昱育苗场	中国对虾、海蜇
12	垦利区惠鲁水产养殖有限公司	中国对虾、三疣梭子蟹
13	威海市文登区海和水产育苗有限公司	黑鲷、大泷六线鱼
14	山东友发水产有限公司	中国对虾
15	日照市欣彗水产育苗有限公司	中国对虾、日本对虾、大泷六线鱼
16	潍坊市滨海经济开发区光辉渔业资源增殖站	中国对虾、海蜇、三疣梭子蟹、许氏平鲉
17	海阳海盛水产科研有限公司	中国对虾
18	威海市福尔水产育苗有限公司	海蜇

六、生态安全防控

为确保增殖放流生态安全，山东省自 2005 年开始就在全国率先建立了增殖放流苗种检验检疫制度（海、淡水增殖放流检测项目分别见表 4-6、表 4-7）。每年增殖放流苗种生产期间，省市县渔业主管部门三级联动，对增殖放流供苗单位苗种生产进行大检查，重点检查亲本来源、数量以及药物使用情况，严把苗种种质和质量安全源头关。增殖放流前，增殖放流苗种由当地渔业主管部门抽样，送具备苗种检验资质的机构按照有关增殖放流技术规范的规定进行

表 4－6　山东省增殖放流检测项目表（海水）

物种	检测依据	检测项目	药残检测项目	样品量	检测约需时间
中国对虾	《水生生物增殖放流技术规范 中国对虾》（SC/T 9419—2015）	对虾白斑综合征病毒、对虾桃拉综合征病毒、对虾传染性皮下和造血器官坏死病毒	氯霉素、孔雀石绿、硝基呋喃类代谢物、洛美沙星、氧氟沙星、诺氟沙星、培氟沙星	常规：随机多点取样 3 次、每次 50 尾以上，合计 150 尾以上 药残：75 克	常规：9 天 药残：10 天
日本对虾	《水生生物增殖放流技术规范 日本对虾》（SC/T 9421—2015）				
三疣梭子蟹	《水生生物增殖放流技术规范 三疣梭子蟹》（SC/T 9415—2014）	纤毛虫、微孢子虫	氯霉素、孔雀石绿、硝基呋喃类代谢物、洛美沙星、氧氟沙星、诺氟沙星、培氟沙星	常规：随机多点取样 3 次、每次规格 100 克，中规格 200 克，大规格 300 克以上，且不少于 100 只 药残：75 克	常规：4 天 药残：10 天
海蜇	《水生生物增殖放流技术规范 海蜇》（DB37/T 424—2020）	—	—	常规：随机多点取样 3 次、每次 50 只以上，合计 150 只以上	常规：3 天
鲆、鲽、鳎类	《水生生物增殖放流技术规范 鲆鲽类》（SC/T 9422—2015）	—	—	常规：随机多点取样 100 尾以上 药残：75 克	常规：4 天 药残：10 天
黑鲷、真鲷、斑石鲷	《水生生物增殖放流技术规范 黑鲷》（DB37/T 2075—2020）	刺激隐核虫病	氯霉素、孔雀石绿、硝基呋喃类代谢物、洛美沙星、氧氟沙星、诺氟沙星、培氟沙星		
许氏平鲉	《水生生物增殖放流技术规范 许氏平鲉》（DB37/T 706—2020）	—		常规：随机多点取样 100 尾以上 药残：75 克	常规：4 天 药残：10 天
大泷六线鱼、黄姑鱼	《水生生物增殖放流技术规程》（SC/T 9401—2010）				

（续）

物种	检测依据	检测项目	药残检测项目	样品量	检测约需时间
曼氏无针乌贼、短蛸	《水生生物增殖放流技术规程》（SC/T 9401—2010）	—	—	常规：随机多点取样 100 尾以上	常规：3 天
鳗草	《大叶藻播种增殖技术规范》（DB37/T 2295—2013）	—	—		
金乌贼	《水生生物增殖放流技术规范 金乌贼》（SC/T 9434—2019）	—	—		
真鲷	《水生生物增殖放流技术规范 鲷科鱼类》（SC/T 9418—2015）	—	氯霉素、孔雀石绿、硝基呋喃类代谢物、洛美沙星、培氟沙星、诺氟沙星、氧氟沙星、恩诺沙星	常规：随机多点取样 100 尾以上	常规：3 天 药残：10 天
其他鱼类	《水生生物增殖放流技术规程》（SC/T 9401—2010）	—	—		
日本海马	《水生生物增殖放流技术规程》（SC/T 9401—2010）	—	—	常规：随机多点取样 100 尾以上	常规：3 天

纤毛虫检查方法：取鳃部分鳃丝、附肢放于载玻片上，在 200～400 倍显微镜下镜检。发现累枝虫、聚缩虫、钟形虫等纤毛虫类原生动物则判定为纤毛虫阳性。

表 4 - 7　山东省增殖放流检测项目表（淡水）

物种	检测依据	检测项目	药残检测项目	样品量	检测约需时间
鲢、鳙	《水生生物增殖放流技术规程》（SC/T 9401—2010） 《无公害食品 水产品中鱼药残留限量》（NY 5070—2002）	细菌性败血病、白头孔病、车轮虫病		每批鱼苗随机多点取样应在 100 尾以上	常规：7 天 药残：10 天
草鱼	《水生生物增殖放流技术规程》（SC/T 9401—2010） 《草鱼鱼苗、鱼种》（GB 11776—2006） 《无公害食品 水产品中鱼药残留限量》（NY 5070—2002）	草鱼出血病、肠炎病、赤皮病、烂鳃病、小瓜虫病	孔雀石绿、氯霉素、喹乙醇、洛美沙星、培氟沙星、诺氟沙星、氧氟沙星		
多鳞白甲鱼	《水生生物增殖放流技术规程》（SC/T 9401—2010） 《无公害食品 水产品中鱼药残留限量》（NY 5070—2002）	出血病、肠炎病、赤皮病、烂鳃病			
松江鲈	《水生生物增殖放流技术规程》（SC/T 9401—2010） 《无公害食品 水产品中鱼药残留限量》（NY 5070—2002）	出血病、肠炎病、赤皮病、烂鳃病			
中华绒螯蟹	《水生生物增殖放流技术规程》（SC/T 9401—2010） 《中华绒螯蟹 亲蟹、苗种》（GB/T 26435—2010） 《无公害食品 水产品中鱼药残留限量》（NY 5070—2002）	纤毛虫病、烂鳃病、水肿病		每批随机多点取样不少于 100 只	

常规检验、疫病检疫和药残检测；经检验检疫合格后，增殖放流苗种方可出库（池）验收，切实把负责任增殖放流落到实处。

为进一步规范和引导社会放流放生活动，2021年山东省农业农村厅会同山东省民族宗教事务委员会印发了《关于进一步规范和引导宗教界水生生物放生（增殖放流）活动的通知》（鲁农渔字〔2021〕16号），印发《科学放生手册》《科学放鱼手册》等科普宣传手册1.5万份。此外，还先后成立了日照、烟台、威海等3个市级及海阳、蓬莱、牟平等3个县级水生生物资源养护协会，全力推动成立全国科学放鱼联盟，受全国水产技术推广总站委托起草《全国科学放鱼联盟章程》，持续推动增殖放流的组织化、社会化和常态化。烟台市水生生物资源养护协会成立大会见图4-1，烟台市水生生物资源养护协会组织宗教界人士科学规范放生见图4-2。

图4-1　烟台市水生生物资源养护协会成立大会

图4-2　烟台市水生生物资源养护协会组织宗教界人士科学规范放生

七、项目监督制约

增殖放流与广大渔民群众利益息息相关。为保证增殖放流客观公正、阳光透明，山东省经过 40 年的不断实践、探索和创新，建立了一整套严密的现代化监督制约体系。①建立了渔业行业行政监督机制。所有省级及省级以上增殖放流项目由县级渔业主管部门验收或交叉验收，市级现场全程监督，省级抽查监督，一级监督一级，层层传导压力。坚持"五不放原则"：即未公示不放，验收人员未到位不放，监督人员未到位不放，苗种未检验检疫或检验检疫不合格不放，苗种规格不达标不放。②建立了提前 3 日公示制度、码头现场计数验收制度、社会义务监督员制度等社会监督制度。2017 年，山东省启动了省级主流媒体监督。2018 年，实施了"双随机一公开"监管。近年来，泰安东平，烟台海阳、莱阳、牟平、高新区以及威海荣成等地还创新开展了委托专业第三方进行项目验收，取得不错效果。增殖放流码头现场计数验收见图 4-3。

图 4-3 增殖放流码头现场计数验收

八、科技支撑

20 世纪 90 年代至 21 世纪初，省级渔业主管部门在每年增殖放流资金中均设立"渔业资源增殖专项科研经费"，专门用于增殖放流相关科学研究，相继完成了《山东省南部沿海主要海湾中国对虾放流增殖适宜数量与放流点合理布局的研究》《山东省"八五"期间中国对虾增殖效益分析及问题对策的研究》《山东省海洋渔业资源增殖区划与规划》《金乌贼移植不同附着基比较试验研究》等多项重大课题，为科学开展增殖放流工作提供强有力的技术支撑。2009—2016年，聚焦增殖放流工作科技需求，先后组织实施了公益性行业（农业）科研专项《黄渤海生物资源调查与养护技术研究/200903005》之《莱州湾和山东南部资源增殖放流效果评价与示范/200903005－05》、国家海洋局公益性行业科研专项《基于生态系统的典型海域生物资源综合修复与调控技术研究及示范/200905019》之《修复目标种的健康培育技术研究与示范/200905019－7》、国家科技支撑计划项目《海洋重要生物资源养护与环境修复技术研究与示范/2012BAD18B00》之《重要渔业种类增殖模式构建与示范/2012BAD18B03》等多个重大项目，进一步提升了山东省增殖放流的科技含量。近年来，山东省每年均投入专项资金，组织开展中国对虾、海蜇、三疣梭子蟹等重要增殖资源效果评价工作。在增殖放流前后，分别组织开展本底调查和跟踪监测，结合海上调查和陆上走访渔民调查情况，科学预报资源量，提出可捕量和可捕期建议，指导渔民回捕生产。开捕后，开展增殖资源生物学分析及回捕生产统计分析，结合分子标志技术、信息船捕捞生产监测等综合评价增殖效果。根据效果评价情况，及时优化增殖放流物种结构、布局、数量等。山东省增殖放流重点科技攻关项目统计详见表4－8。

表4－8　山东省增殖放流重点科技攻关项目统计

序号	年份	重点科技攻关项目
1	1998	山东省南部沿海主要海湾中国对虾放流增殖适宜数量与放流点合理布局的研究
2	1989—1991	黄海乌贼增殖与管理试验研究
3	1995—2000	山东省"八五"期间中国对虾增殖效益分析及问题对策的研究
4	2002	山东省海洋渔业资源增殖区划与规划
5	2001—2003	金乌贼移植不同附着基对比试验研究
6	2009—2013	公益性行业（农业）《黄渤海生物资源调查与养护技术研究/200903005》之《莱州湾和山东南部资源增殖放流效果评价与示范/200903005－05》

（续）

序号	年份	重点科技攻关项目
7	2009—2012	国家海洋局公益性行业科研专项《基于生态系统的典型海域生物资源综合修复与调控技术研究及示范/200905019》之《修复目标种的健康培育技术研究与示范/200905019-7》
8	2012—2016	国家科技支撑计划项目《海洋重要生物资源养护与环境修复技术研究与示范/2012BAD18B00》之《重要渔业种类增殖模式构建与示范/2012BAD18B03》

九、宣传引导

社会力量是水域生态文明建设的重要力量，山东省始终坚持政府放流和社会放流两手抓、一体推、相互促。2005年实施渔业资源修复行动以来，山东省每年至少组织一次声势浩大的增殖放流活动，累计举办各类增殖放流宣传活动400余次，其中省部联办15次，参与人数达100多万人次，"养护水生生物建设美丽中国"已成全民意识和自觉行动，全民参与的"大放流"格局正在加速形成。目前，全省每年有十余个地市举办群众性"放鱼节"，打造了6月6日"放鱼节"品牌，尤其烟台海洋放鱼节、临沂沂河放鱼节、济宁太白湖放鱼节等，新冠疫情暴发前，每年参与人数稳定在上万人，活动丰富多彩，市民扶老携幼踊跃参加，不仅可以放鱼祈福，还可观看名优水产品展览、品尝特色水产美食、博览渔业文化等，群众参与度仅次于"春节庙会"，已成为城市中不可或缺的重要节日。

2018年以来，山东省创新"政府主导、部门支持、媒体运作、全民参与"的宣传工作思路，坚持线上线下融合互动和内涵外延丰富拓展，创新开展形式多样的特色放鱼活动，引起强烈社会反响。2020年6月6日，山东省政府联合农业农村部在烟台举办了全国放鱼日主会场活动，农业农村部原副部长于康震、山东省原副省长于国安参加活动，活动内容丰富、高潮迭起，活动结合热点致敬抗疫英雄，设置文创展区助涉农企业渡难关，千人快闪合唱激发全民养护热情，"放鱼＋文娱"搭建烟台宣传展示平台，得到农业农村部、省政府领导的充分肯定和社会各界一致好评。2020年以来，在疫情常态化防控背景下，为方便群众放鱼，还创新启动了碧水责任·百万网友联动"放鱼养水 养护生态"全民公益大行动，创新开展"碧水责任·云放鱼"活动，搭建了面向全国的"碧水责任·云放鱼"微信平台，在线参与网友数量达 70 万人次，新闻阅读量超 3 000 万人次，共认购养护包万余个，爱心认购金 60 万元，"云放鱼"成为社会新时尚。2020—2022 年，青岛、烟台先后成功举办了 3 次中韩联合增殖放流活动，2022 年底农业农村部批复同意将烟台市黄渤海新区确定为中韩联合增殖放流活动的永久举办地，对进一步养护黄海渔业资源、深化中韩渔业务实交流合作具有重要意义，相关放鱼活动见图 4-4 至图 4-10。

图 4-4　2019 第九届中国临沂放鱼公益活动开幕式

图 4-5　2019 年全国"放鱼日"同步增殖放流活动（主会场活动在烟台黄海游乐城近海举办，图为烟台市民在沙滩浅水区域增殖放流）

图 4-6 2020 年全国"放鱼日"同步增殖放流活动开幕式（主会场活动
在烟台市举办，农业农村部原副部长于康震、山东省
原副省长于国安等领导参加）

图 4-7 2020 年渤海油田环保升级三年行动计划增殖放流活动开幕式
（农业农村部渔业渔政管理局原局长张显良等领导参加）

图 4-8 碧水责任——山东省 2020 全国放鱼日暨百万网友联动
"放鱼养水·养护生态"全民公益大行动

图 4-9 2021 年 6 月 6 日全国放鱼日山东主会场活动在滨州举办
（山东省农业农村厅王敬东副厅长等领导参加）

图 4 - 10　2021 年第三次中韩联合增殖放流活动在烟台举办（农业农村部渔业
渔政管理局局长刘新中等领导参加）

第二节　山东经验

40 年来，山东省增殖放流事业从无到有，从小到大，从弱到强，历尽艰难坎坷，但一路走来、一路引领。经过 40 年的反复实践、不懈探索、持续创新，凝练形成了宝贵的"山东经验"。

一、专业的事由专业的人统筹干

增殖放流涉及生态、资源、渔场、育苗等专业学科，是一项整体性、系统性、协同性非常强，专业性、技术性、时令性要求非常高的生态工程，行业特点非常突出，独特的行业特点要求这项工作必须由专门机构、专业队伍统筹组织实施，才能真见效、见真效。2014 年之前，山东省增殖放流一直由省级专门机构负责组织实施，即使 20 世纪 90 年代最困难的低谷时期，仍坚持积极探索，负重前行，这是山东省增殖放流工作在全国领先的重要保障，也是国际上的普遍做法。山东省 40 年增殖放流实践也反复证明：全省统一谋划、专业化实施，增殖放流效果则有保障；否则，很难取得理想效果。新时代新征程上，必须坚持从增殖放流行业特点出发，坚持专业的事由专业的人统筹来干，才能不断将增殖放流事业做细做实、做大做强、做出特色。

二、坚持监管支撑两手抓两手硬

增殖放流管理与技术并重，山东省坚持一手抓监管、一手强支撑，两手抓、两手硬，持续提升山东省增殖放流工作的科学化、规范化、标准化、制度化、效益化水平，确保山东省增殖放流始终引领全国。2005年以来，山东省增殖放流坚持规范化、制度化、项目化管理，建立稳定可靠的多元化资金投入保障机制；坚持实施全过程专业化监督和社会监督相结合，确保项目实施"不掺水分"，打造公开透明的阳光工程；始终坚持向标准、向科技要效益。新时代新征程上，必须继续坚持强监管与强支撑两手抓、两手硬，不断推进增殖放流管理体系和管理能力现代化，才能确保增殖放流事业行稳致远。

三、强化苗种高质量稳定供应

增殖放流高质量发展关键在于高质量的苗种供应。增殖放流必须选择专业化、规模化、技术实力雄厚的苗种场专责培育苗种，且放流苗种价格须按成本加微利原则结合市场确定，让企业有利可赚，充分调动企业供苗积极性。40年来，尤其2005年之后的黄金十年，山东省增殖放流工作之所以能够引领全国增殖放流工作，关键在于建立了基于渔业增殖站的定点供苗制度及苗种合理定价机制，该制度是水产苗种繁育特点和山东省增殖放流工作实际的必然选择，是确保水域生态安全、提升增殖放流效果的内在要求，是促进现代化海洋牧场和增殖放流事业高质量发展的根本前提，是山东省增殖放流工作的最大特色和制胜法宝。新时代新征程上，必须紧紧抓住苗种稳定供应这个牛鼻子，继续创新专业化、集约化供苗模式，持续完善和夯实高效供苗体系，才能确保增殖放流事业实现高质量发展。

四、始终弘扬宝贵增殖放流精神

40年来，山东省各级渔业系统积极履职尽责、担当作为，形成了宝贵的"敢为人先、科学求实、开拓创新、甘于奉献"的增殖放流精神，这是山东省增殖放流始终"走在前列、持续引领"的最大底气。敢为人先：敢做第一个吃螃蟹的人，在全国先行先试，敢闯敢试、敢于胜利；科学求实：坚持实事求是，一切从实际出发，按照生物规律办事，求真务实、真抓实干；开拓创新：坚持问题导向、矛盾观点，百折不挠、灵活求变，不断用创新思路、创新举措解决增殖放流发展过程中遇到的一切困难和挑战；甘于奉献：不忘初心、牢记使命，埋头苦干、坚守耕耘，甘当增殖放流事业高质量发展的老黄牛。新时代新征程上，必须坚持不懈弘扬宝贵的增殖放流精神，踔厉奋发、笃行不怠，才能不断将增殖放流事业推向前进。

五、打造全民参与的大放流格局

增殖放流是一项复杂的社会工程，单打独斗难成大事，必须群策群力、打好组合拳。40年来，山东省密切政、产、学、研协作，强化涉渔涉海相关职能部门配合，整合系统内外各类资源，形成了做好增殖放流事业的强大合力；坚持政府放流和社会放流同抓共促，不断加大宣传力度，创新宣传形式，积极调动社会各界科学有序参与，持续推进社会放鱼常态化、制度化。新时代新征程上，必须继续打造全民参与的"大养护、大放流"格局，持续用力、久久为功，才能为增殖放流事业蓬勃发展、兴旺发达提供不竭动力。

5 第五章
山东省水生生物增殖放流成效与问题

第一节　取得的成效

山东省持续 40 年开展增殖放流，在一定程度上修复了近海和内陆水域渔业资源与生态环境，取得了较好生态效益、经济效益和社会效益。

一、生态效益

（1）山东省近海严重衰退的重要经济渔业资源量显著增加。中国对虾、三疣梭子蟹、海蜇等传统大宗增殖放流物种形成了较为稳定的秋季渔汛，如黄渤海特有中国对虾 20 世纪 90 年代一度被世界自然保护联盟（IUCN）认定为濒危物种，若非持续放流，恐早已绝迹。效果评价显示，2012—2014 年，当年增殖放流的中国对虾、三疣梭子蟹分别约占全省近海中国对虾、三疣梭子蟹总资源量的 94.56%、38.65%；2020 年，增殖放流海蜇约占全省近海海蜇总资源量的 90% 以上。

（2）增殖放流的生物碳汇作用明显。科学试验表明，每生产 1 千克鲢、鳙，可以从水中移除 20.04 克氮、1.46 克磷、118.6 克碳；每放养 10 万尾滤食性鱼苗，形成的生物碳汇相当于植树造林 1 公顷［森林固碳量 3.7～3.9 吨/（千米² · 年）］。据测算，2005 年以来，山东省回捕增殖对虾、三疣梭子蟹、海蜇等累计净移除碳约 28 448 吨、氮约 6 682 吨、磷约 1 116 吨，生物碳汇相当于植树造林约 7 486 公顷。

（3）增殖放流助推了山东全省海洋捕捞渔船作业结构优化升级。为捕捞增殖放流资源，部分船东主动申请将其渔船作业方式由对资源和环境破坏性大的拖网改为选择性较好的流网，对保护山东省近海渔业资源和生态环境起到了积极促进作用。

（4）增殖放流海蜇大量滤食浮游生物，可有效降低近海赤潮灾害发生的频率，抑制沙蜇等同生态位有害水母泛滥。

二、经济效益

多年来，回捕中国对虾、三疣梭子蟹、海蜇等重要增殖放流资源已成为山东省1万多艘中小功率渔船秋汛的主要生产门路之一，沿岸渔民回捕增殖放流资源收入约占全年总收入的2/3，近海捕捞渔民得到了实实在在的实惠。据不完全统计，1984—2021年，山东省秋汛累计回捕增殖放流资源约76.14万吨，实现产值约237.69亿元，中国对虾、日本对虾、三疣梭子蟹、海蜇、金乌贼等近海捕捞渔民增收物种综合直接投入产出比为1∶14.6。其中，累计回捕增殖中国对虾产量约5.55万吨，创产值约51.30亿元，实现利润约27.48亿元，综合投入与产出比为1∶7.3；累计回捕增殖日本对虾约0.71万吨，创产值约7.37亿元，实现利润约4.22亿元，综合投入与产出比为1∶6.5；累计回捕增殖三疣梭子蟹约18.78万吨，创产值约109.36亿元，实现利润约59.62亿元，直接投入与产出比为1∶28.9；累计回捕增殖海蜇约39.75万吨，创产值约37.69亿元，实现利润约22.24亿元，直接投入与产出比为1∶15.7；累计回捕增殖金乌贼约7.07万吨，创产值约11.10亿元，实现利润约5.71亿元，直接投入与产出比为1∶22，详见表5-1、表5-2、图5-1、图5-2。"增殖放流真是我们渔民的及时雨，我们中小功率渔船主要靠回捕增殖资源取得效益，增殖品种开捕的时候，孩子们也要开学了，捕了放流的对虾、海蜇、梭子蟹，卖了钱，正好供孩子上大学。你们真是为我们渔民做了一件大好事！"烟台海阳市一位渔民的一席话，生动地反映了山东省沿海广大渔民群众的心声。在公益性增殖放流的辐射带动下，全省群众性底播增殖蓬勃发展，成为现代渔业的重要组成部分。据不完全统计，目前山东省沿海（不含青岛）群众性底播增殖面积达146万亩，年度回捕产量约45万吨，年产值约210亿元。

表 5-1　山东省增殖资源回捕生产情况（1984—2021年）

年份	投入资金（万元）	回捕产量（吨）	回捕产值（万元）
1984	273.01	1 200	1 920
1985	569.76	2 500	4 000
1986	344.23	1 500	2 400
1987	0	397	624
1988	1 381.26	2023	7 080
1989	1 466.31	1 600	4 800

年份	投入资金（万元）	回捕产量（吨）	回捕产值（万元）
1990	1 049.7	2 500	9 000
1991	949.38	2 692	2 154
1992	782.47	4 334	11 148
1993	543.87	2 729	5 558
1994	720	6 168	18 416
1995	550	5 116	8 028
1996	391.13	5 833	4 227
1997	512.02	5 595	13 390
1998	499	7 787	14 285
1999	601.71	22 102	23 736
2000	400	5 339	17 226
2001	558.07	7 345	21 660
2002	520.42	4 956	9 897
2003	533.48	21 190	36 648
2004	775.71	8 745	14 975
2005	4 956	7 670	34 264
2006	3 827	26 302	59 182
2007	6 126.5	40 437	136 447
2008	7 081.5	48 352	121 690
2009	10 886	56 900	140 200
2010	12 283	49 519	167 601
2011	15 258	42 109	184 652
2012	17 899	41 376	199 190
2013	17 519	78 174	211 736
2014	26 235	52000	163 000
2015	19 367.5	25 247	163 145.7
2016	19 173.5	21929	70 742
2017	23 514.13	31 587.2	95 899
2018	26 476	34 979.94	101 032.23
2019	25 770	28 063.46	88 857.7
2020	27 579.3	34 837.3	79 559
2021	23 800	20 266.1	128 557.8
合计	301 272.96	761 400	2 376 927.43

表 5-2　山东省主要增殖物种回捕生产情况（1984—2021 年）

增殖物种	投入资金 （万元）	回捕产量 （吨）	回捕产值 （万元）	实现利润 （万元）	投入产出比
中国对虾	70 022.42	55 457.1	512 953.54	274 760.54	1：7.3
三疣梭子蟹	38 108.09	187 762.81	1 093 648.2	596 153.6	1：28.9
海蜇	23 960.45	397 478.11	376 855.89	222 351.78	1：15.7
日本对虾	11 343.24	7 073.79	73 743.34	42 231.91	1：6.5
金乌贼	5 033.36	70 694.61	110 967.19	57 116.86	1：22
合计	148 467.56	718 466.42	2 168 168.16	1 192 614.69	1：14.6

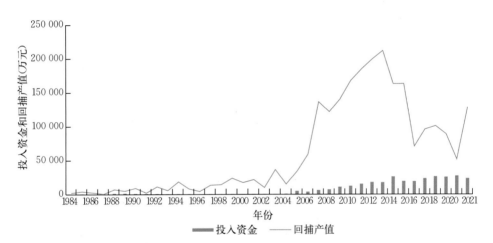

图 5-1　山东省增殖放流投入资金与回捕产值情况（1984—2021 年）

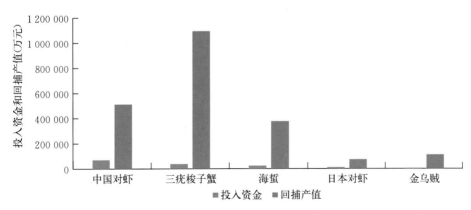

图 5-2　山东省主要增殖放流物种投入资金与回捕产值情况（1984—2021 年）

三、社会效益

（1）丰富了人民群众的菜篮子，满足了社会各界对高质量水产品的需求，提高了人民群众的饮食品质。

（2）大规模定点增殖放流恋礁性鱼类有力推动了休闲海钓产业蓬勃发展，据测算，休闲海钓拉动餐饮、住宿、交通等相关产业的综合经济收入是所钓鱼产品自身价值的53倍，"一条鱼"产生了"多条鱼"的价值，促进了山东省现代渔业转型升级提质增效。近年来，威海五垒岛湾持续开展黄姑鱼放流，黄姑鱼资源明显恢复，每年4月前后，成百上千艘钓船慕名而来，每船日钓黄姑鱼约200千克，最高可达700千克，每千克价格约100元，同时也拉动了当地餐饮、住宿等行业发展。

（3）促进了水产苗种培育、水产品加工等上下游产业的发展。

（4）在政府宣传引导下，社会各界水域生态文明意识普遍提高。据不完全统计，2005年以来山东省企业、团体和个人共义务放流水产苗种20亿单位，折合人民币价值近亿元，6月6日放鱼节已成为山东省渔业品牌。

（5）进一步密切了政群关系，促进了渔区和谐稳定。增殖放流时，不少渔民群众出船出力免费协助苗种运输、投放。东营等地渔民尝到了增殖放流的甜头，自发成立了海蜇生产合作社，协助渔政部门全天候无缝隙对增殖资源进行看护。多年来，山东省渔民、专家、人大代表、政协委员等也纷纷向政府、人大、政协等部门写信或提出议案，建议进一步加大增殖放流力度，养护水生生物资源，促进渔民增收、渔业增效。

第二节 存在问题

在看到成绩的同时，我们也清醒地认识到，山东省增殖放流工作尚存在一些问题和不足，未来高质量发展之路还任重道远，主要表现在5个方面。

一、近海捕捞强度大，渔业种群修复难

近年来，随着持续大规模增殖放流的实施，中国对虾、海蜇、三疣梭子蟹、金乌贼等资源量在全省局部海域有所增加，但因渔业资源属流动的公共资源，市场化开发利用加剧了地方利益保护与资源掠夺，渔业资源群体结构的小型化、低龄化、低质化问题依然存在，山东省近海渔业资源总体匮乏的态势并

未根本好转，捕捞产能过剩矛盾依然突出，加上现行年度阶段性休渔制度，多数增殖放流经济物种不能通过增殖放流补充达到种群自我修复的效果，只能长期依靠增殖放流维持种群延续，全生态链、多生态位水生生物资源养护工作任重道远。

二、增殖放流效益大幅下滑

2015年以来，山东省增殖放流相继经历简政放权、涉农资金统筹整合等政策调整，高质量发展受到前所未有的严峻挑战，主要表现：①增殖放流为涉农资金统筹整合的非约束性指标，县级政府可投可不投，渔业逐步边缘化，渔业主管部门争取资金困难，导致增殖放流资金投入不稳定。②增殖放流后的渔业资源属流动的公共资源，基层地方政府受益边界不清，重视程度不够，积极性不高，加上市级以下几乎没有专项资金开展增殖放流效果评估，地方政府无法掌握放流效果；③部分财政吃紧的县市区未严格履行政府采购合同，增殖放流后长时间拖欠企业苗种款，严重挫伤企业供苗积极性，影响了供苗质量。据不完全统计，截至2022年10月，全省7地市14个县（市、区）累计拖欠2019—2021年企业苗种款超过9 000万元。④项目资金落实晚，招标过程长，苗种采购结束时往往错过了育苗期和最佳放流时机，还存在为完成年度增殖放流任务，只能"买苗放流"，苗种质量根本无法保障，存在较大种质安全、生态安全风险。⑤庞大的增殖放流业务全部压到县级渔业主管部门实施，县级部门人力、财力、技术力量难以承载，导致有的执行放流技术规范不到位，有的地方放流验收不专业、不规范，只重视苗种计数环节，忽视包装、运输、投放等环节的操作规范，忽视苗种成活率，这些问题必然会影响到放流效果。

回捕效果好坏是检验增殖放流成效的重要标准。2015年以来，虽然全省增殖放流投入总体保持高位态势，但从增殖资源秋汛回捕情况看，增殖放流效果不尽理想，渔民获得感不强。比如，简政放权、涉农整合前的7年（2008—2014年），年均投入海洋放流资金1.7亿元，年均回捕产量5.3万吨，年均创产值17.8亿元，直接投入产出比为1∶11；简政放权、涉农整合后的7年（2015—2021年），年均投入海洋放流资金2.4亿元，年均回捕产量仅2.8万吨，年均创产值10.0亿元，直接投入产出比仅为1∶4，投入产出比下降了63.6%，政策调整前后增殖放流总体投入与产出比详见表5-3。中国对虾、三疣梭子蟹、海蜇等大宗增殖放流物种综合投入产出比由2014年之前的1∶23下降为1∶8，下降了65.2%，政策调整前后大宗物种综合投入与产出比详见表 5-4。从单个物种看，中国对虾、三疣梭子蟹、海蜇等单物种直接投入产出比分别由 2014 年之前的 1∶10.3、1∶38.5、1∶28.4 大幅下滑到 1∶2.3、1∶20.6、1∶5.3，分别下降了 77.7%、46.5%、81.3%，政策调整前后中国对虾、三疣梭子蟹、海蜇等大宗物种投入与产出比详见表 5-5。简政放权、涉农资金整合后全省增殖放流总投入虽有所增加，但年均回捕产量、产值、投入产出比却大幅下降，渔民群众收益缩水。增殖放流经济效益一年不好可能是偶然性环境变化影响，连续多年不好说明现行机制存在问题。

表 5-3　山东省政策调整前后增殖放流总体投入与产出比

年份	年均投入（亿元）	年均产量（万吨）	年均产值（亿元）	投入产出比
2008—2014	1.7	5.3	17.8	1∶11
2015—2021	2.4	2.8	10.0	1∶4

表 5-4　山东省政策调整前后大宗物种综合投入与产出比

年份	年均投入（亿元）	年均产量（万吨）	年均产值（亿元）	投入产出比
2008—2014	0.64	4.6	14.8	1∶23
2015—2021	1.01	2.5	8	1∶8

表 5-5　山东省政策调整前后中国对虾、三疣梭子蟹、海蜇等单个大宗物种投入与产出比

增殖物种	年份	年均投入（万元）	年均产量（吨）	年均产值（万元）	投入产出比
中国对虾	2008—2014	3 048.55	2 674.84	31 444.98	1∶10.3
	2015—2021	5 252.69	966.27	11 940.95	1∶2.3
三疣梭子蟹	2008—2014	2 202.65	14 852.88	84 883.71	1∶38.5
	2015—2021	2 792.00	9 271.15	57 564.23	1∶20.6
海蜇	2008—2014	1 102.00	28 153.36	31 331.54	1∶28.4
	2015—2021	2 060.48	15 140.80	10 836.73	1∶5.3

三、科技支撑体系待完善

增殖放流是水产养殖、渔业资源、渔业捕捞、环境保护、生物技术、渔业管理及新兴技术等方面的综合应用，是一项复杂的系统性生物工程。目前，山

东省年度增殖放流资金约 2.5 亿元，但用于科技攻关方面专项投入却很少，缺乏科学、系统、长周期研究，科技支撑体系尚不完善，增殖放流还存在一定盲目性。比如，"放什么、放多少、放多大、何时放、在哪放、怎么放"等主要还是凭经验，亟须深入研究、力求精准；黄河刀鲚、孔鳐等部分物种从生态链角度考虑应尽快修复，但规模化育苗技术尚未突破；标准化放流还未实现物种全覆盖；分辨率高、准确率高、稳定性好的智能苗种计数方法缺乏应用；有的放流物种布局未科学论证；基于生态系统修复需求的全生态链增殖放流模式、基于种质安全的生态风险防控体系、基于效果评价的对策优化机制等尚未系统化建立，增殖放流的科学性、精准性、安全性、有效性有待提升。

四、法规制度供给不足

目前，我国水生生物资源养护法律法规体系还不健全，尚无一部集水生生物资源养护、管理、开发、利用等于一体的《水生生物资源养护法》，现有法律缺乏整体性、系统性、协调性。《渔业法》虽设有"渔业资源增殖和保护"一章，但作为一部产业法，它很难完全兼顾资源养护，亟待国家专门出台《水生生物资源养护法》。此外，《山东省水生生物资源养护管理条例》虽列入省立法计划近 10 年，但迟迟未出台。目前，山东省增殖放流有效的规范性管理制度仅有政府规章《山东省渔业养殖与增殖管理办法》，其法律层次低、效力低、执行不到位，例如项目化管理没有依法执行。随着涉农资金整合政策实施，原山东省渔业资源修复行动计划制定的配套制度均已废止多年，亟待根据新形势、新需求尽快制定项目、资金及供苗等具体管理制度，把规范管理落实落地。

五、群众底播和社会放生监管缺失

一方面，群众性底播增殖监管尚处空白，北方贝类育苗成本相对较高，群众性底播贝类苗种主要是从南方购苗，如菲律宾蛤仔、缢蛏等，严格意义上属增殖区域外来物种；许多底播海珍品属杂种或改良种，如水院 1 号、安源 1号、佟侗岛 1 号、鲁海 1 号等。另一方面，社会无序、盲目放生也乱象丛生，外来种、杂交种、改良种违法违规放生屡禁不止；农业部 2013 年公益性农业科研专项渔业项目调查结果显示，外来杂交鲤、镜鲤、锦鲫、杂交鲟、革胡子鲶已定居黄河下游河道，"生态杀手"巴西龟、小龙虾、牛蛙在山东菏泽鄄城县至聊城东阿县河段渔获物中占比较大，加重了生态环境本已脆弱、土著鱼类资源匮乏的黄河下游水生生态系统的风险。但目前对群众性底播增殖和社会性放流放生行业监管基本处于空白状态，存在较大生态安全隐患，应引起高度重视，依据农业部部长令《水生生物增殖放流管理规定》有关要求，严格落实属地监管责任。

6 第六章
新时代山东省增殖放流事业高质量发展的战略对策

全面回顾、系统总结山东省 40 年增殖放流工作的目的在于巩固提升、持续创新、开拓新局。在回顾总结 40 年实践经验、汲取国内外先进经验做法的基础上，遵循增殖放流行业特点，强化超前谋划、系统谋划、协同谋划，加强和创新山东省增殖放流管理体系和管理能力建设，进一步促进新时代山东省增殖放流事业高质量发展是摆在我们水生生物资源养护工作者面前的一项重大时代课题。

第一节　面临的新形势和新要求

"十四五"及今后一个时期是全国渔业高质量发展的关键时期，增殖放流迎来重大发展机遇。

（1）党中央、国务院高度重视生态文明建设。党的十八大将生态文明建设纳入"五位一体"中国特色社会主义总体布局；2018 年，习近平总书记在山东省考察时明确指示："海洋牧场是发展趋势，山东可以搞试点"；2021 年，《中华人民共和国生物安全法》自 4 月 15 日起正式实施，中共中央办公厅 国务院办公厅印发《关于进一步加强生物多样性保护的意见》；党的二十大提出，"必须牢固树立和践行绿水青山就是金山银山的理念，站在人与自然和谐共生的高度谋划发展""实施生物多样性保护重大工程""提升生态系统多样性、稳定性、持续性"等。目前，增殖放流已成为国家"五位一体"总体布局之水域生态文明建设的重要组成部分。

（2）国家水生生物资源系统养护力度持续加大。2022 年，农业农村部先后印发《关于做好"十四五"水生生物增殖放流工作的指导意见》《关于加强水生生物资源养护的指导意见》，对全国"十四五"增殖放流及下步水生生物资源养护工作进行全面部署。当前，我国涉水涉渔工程逐年增多，社会放流规模持续扩大，放流资金来源渠道多元化；休渔禁渔制度越来越完善，限额捕捞试点逐步扩大，海洋渔业资源实行总量管理制度，捕捞管理日益严格，系统养护理念不断深化，为增殖放流事业高质量发展创造了有利条件。

（3）养护水生生物资源已成为国际共识。全球规模化增殖放流活动已持续近200年，有94个国家报道开展过增殖放流，增殖放流物种达数百种。在渔业资源普遍衰退的大背景下，增殖放流已成为国际上修复渔业资源、改善水域生态的不二选择。

（4）向江河湖海要食物迫切需要大力开展增殖放流。2022年，习近平总书记在参加全国政协十三届五次会议农业界、社会福利和社会保障界委员联组会上提出，要树立大食物观，向江河湖海要食物。渔业是向江河湖海要食物的主要生产方式，水产品是人类粮食安全的重要保障，受新冠疫情的持续影响，国外进口水产品供给存在较大隐患。因此，大力实施增殖放流对提供优质动物蛋白，改善居民膳食结构，保障国家粮食安全具有重大意义。

（5）黄河流域生态保护和高质量发展国家重大战略、乡村振兴齐鲁样板打造和海洋强省建设等为山东省增殖放流提供了良好的政策环境。上述新形势要求山东省增殖放流事业必须抢抓机遇，走高质量发展的路子，坚持科学养护与合理利用相结合，为建设水域生态文明、保障国家粮食安全、打造乡村振兴齐鲁样板和养护水生生物资源做出新的更大贡献！

第二节　战略考量

一、指导思想

以习近平生态文明思想为指导，牢固树立大食物观，向江河湖海要食物，从增殖放流行业特点出发，把握行业发展规律和大势，聚焦高质量发展，以"科学规范、涵养生态、提质增效、富裕渔民"为目标，以全面提升增殖放流效果为导向，以严格生态安全管控为重点，改革创新体制机制，加强规范化管理，强化全方位支撑，不断提升增殖放流的科学化、规范化、安全化、高效化、社会化、品牌化水平，扎实推进增殖放流管理体系和管理能力建设。

二、基本原则

1. 生态优先，科学发展。牢固树立尊重自然、顺应自然、保护自然的生态文明理念，始终按照生物规律办事。充分考虑渔业水域资源环境现状、全生态链和全生态位养护需求、现代化海洋牧场建设需求，科学确定增殖放流发展重点，合理安排增殖放流物种结构、区域布局及数量规模。更加注重增殖放流种质安全、生态安全管控，强化对群众性底播增殖、社会性放流监管，确保水域生态安全。

2. 系统观念，协调发展。 坚持公益性增殖放流、群众性底播增殖、社会性放流放生三位一体，并协同共进；坚持大养护理念，强化与各类保护区建设、渔业执法等养护措施有机结合，形成养护合力；探索全生态链、多生态位修复，构建基于生态系统修复需求的鱼、虾、蟹、贝、藻等多营养层级协调发展的增殖放流新格局；坚持增殖放流项目实施和支撑能力建设同抓共促，强化规范化、制度化管理，坚持专业化、标准化实施，完善法规政策、科技创新、苗种供应等支撑体系建设。

3. 突出重点，融合发展。 以近海捕捞渔民增收型、海洋牧场海钓产业促进型物种增殖放流为重点，统筹渔业种群修复型、濒危物种拯救型、生物生态净水型、增殖试验储备型等物种增殖放流发展。更好地发挥增殖放流在现代化海洋牧场中的主导作用，做好融合发展的文章。结合不同类型海洋牧场，有针对性地开展不同类型特色物种增殖放流，实现优势互补、效益最佳。

4. 政府主导，全民参与。 增殖放流是一项系统工程，要密切政、产、学、研协作，强化涉渔涉海相关职能部门配合，整合系统内外资源，形成工作合力。继续加大和创新宣传工作，积极引导社会力量科学有序参与，逐步建立起以政府投入为主导、社会共同参与的多元化资金投入长效机制，持续打造全民参与的"大放流"格局，切实将增殖放流打造成像陆地植树造林一样的群众性大型社会公益活动。

三、主要目标

力争用3~5年时间将增殖放流打造成渔业领域的乡村振兴齐鲁样板，构建"投入多元保障、管理规范有效、支撑全面有力、供苗集约高效、种质安全可控、社会参与广泛、效益日益显著"的增殖放流高质量发展新格局，为全国水生生物资源养护事业做出新的更大贡献。

力争到2035年左右，山东省在增殖放流领域基础理论取得重大进展，技术创新保持国际领先，增殖放流成效更加显著，成为增殖放流理论发展、技术创新的策源地。

第三节 具体对策及建议

一、创新管理体制机制

1. 构建体系内"大合唱"工作格局。 建议有机整合各级渔业主管部门、渔政部门、渔业发展技术支撑机构、科研教学单位、供苗单位、养护协会、渔民群众等各方力量，积极打造"分工明确、同频共振"的增殖放流高质量发展工作格局。渔业主管部门主要负责增殖放流规划、管理制度制定、综合组织协调及行业监督管理等工作；渔政部门主要负责增殖资源管护和合理利用，为增殖放流保驾护航；渔业发展技术支撑机构主要负责增殖放流项目组织实施及技术规范编制，组织科研教学单位开展科技攻关，为渔业主管部门提供全方位支撑；供苗单位主要负责高质量苗种培育供应；养护协会主要负责行业自律、科普宣传、社会慈善放流引导等；渔民协会主要负责增殖资源协管、利用及效果反馈等，增殖放流利益相关方职责分工见图6-1。

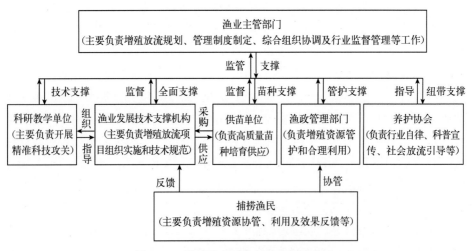

图6-1 增殖放流利益相关方职责分工

2. 创新增殖放流实施机制。 增殖放流是向开放式水域投放水生生物，形成的渔业资源属于流动的公共资源，不宜一刀切全部下放县级渔业主管部门实施，宜由全省统筹组织、项目化管理、分级专业化实施，坚持统分结合。充分发挥全省各级渔业发展技术支撑机构的专业优势、体系优势，建立省、市、县三级分工实施机制。其中，重要大宗跨海区长距离洄游性生态经济物种（如中国对虾等）以及国家重点保护水生动物、试验物种等由省级渔业发展技术支撑机构承担实施，地方性、辖区受益的近距离洄游普通经济物种及涉水涉渔等生态补偿放流项目在省级统筹布局下，由市级渔业发展技术支撑机构承担实施；县级渔业发展技术支撑机构主要承担本级财政安排的增殖放流项目，协助本级渔业主管部门强化群众性底播增殖监管和社会性慈善放流规范引导等工作。

二、建立专项资金多元稳定保障机制

1. 建立增殖放流专项资金保障机制。建议依据省政府规章 206 号省长令，整合中央农业资源及生态保护补助资金及成品油价格调整对渔业发展补助资金等，恢复设立增殖放流专项资金，并由省里统筹安排、专款专用，会同财政部门制定《山东省水生生物增殖放流专项资金管理办法》，加强专项资金使用管理，定期开展增殖放流资金使用审计，确保增殖放流资金及时拨付到位。专项资金宜及早明确使用方向，建立苗种预采购机制，让中标单位有的放矢地提前安排苗种生产，渔业主管部门有针对性地对苗种繁育进行全程监管，从根本上解决了制约山东省增殖放流持续健康发展的"资金落实晚、项目实施晚、育苗无预期、监管不到位、安全有隐患、质量无保障、效果不理想"等系列突出问题。增殖放流资金提前科学保障，供苗单位订单式按期育苗、适时放流，渔业主管部门全程跟进监督，是山东省增殖放流事业高质量发展的根本保障。

2. 构建多元化资金投入长效机制。鉴于水生生物资源的生态价值、有限性和稀缺性，恢复并完善水生生物资源有偿使用和生态补偿制度，建议恢复征收渔业资源增殖保护费；将涉水涉渔生态补偿资金、禁渔期罚没资金、海域使用金部分用于增殖放流；建立非法捕捞等刑事连带民事公益增殖放流诉讼制度；广泛调动社会投资积极性，引导公益组织加大投入，逐步建立以各级政府财政投入为主，渔业资源增殖保护费、渔业资源损失赔偿费、水域生态补偿费、非法捕捞罚没资金、渔用燃油退坡资金、海域使用金、社会捐助、企业赞助、放流基金等为补充的增殖放流资金多元化投入机制。

3. 创新增殖放流资金科学使用制度。增殖放流资金除用于苗种采购，还应注重行业支撑能力建设，建议省农业农村厅会同省财政厅参照中央财政农业资源及生态保护补助资金及江苏等兄弟省份相关资金支出方向，明确增殖放流专项资金可部分（如 10%）用于组织实施、科技攻关、跟踪监测、效果评价、标准制定、科普示范、宣传工作等增殖放流支撑能力建设，这是山东省增殖放流事业高质量发展的关键一招。

三、强化三位一体监管

1. 强化公益性增殖放流闭环监管。

（1）严格苗种质量管控。增殖放流按现行的部长令和省长令，苗种必须为本地原种或其子一代，且无疫病、无禁用药物残留，这是增殖放流高质量发展的底线思维。①加强种质安全管理。增殖放流所用亲本应确保为本地种，且来源可溯、数量充足。根据 Franklin 小族群管理的 50/500 法则，大宗物种亲本原则上应在 500 尾（或 250 组）以上，适配放流任务量；及时补充本地野生亲本，鱼类亲本最多使用 3 年，确保遗传多样性始终处于较高水平。②加大苗种生产检查。供苗单位招标确定后，其增殖苗种繁育期间，各级渔业行政主管部门（采购人）或渔业发展技术支持机构（增殖放流实施主体）应组织专家随机开展亲本种质、苗种来源以及苗种质量检查评估，掌握供苗单位按期保质保量供苗履约状况，严格执行放流前苗种检验检疫规定，探索建立种质抽检制度；严禁"挑雌放雄""挑壮放弱""买苗放流"等行为。强化苗种野性训练，提高苗种放流成活率。③创新智慧监管。结合全省海洋牧场综合管理信息平台建设，探索对重点供苗单位布设在线监控系统。开发育苗进度"云报告"小程序或者 App，组织供苗单位及时报告关键育苗节点育苗情况。④建立黑名单制度。严格落实《农业农村部办公厅关于实施水生生物增殖放流违法违规供苗单位通报制度的通知》有关规定，将违反种质规定、使用禁用药物或未自繁自育、严重弄虚作假的供苗单位一票否决，纳入增殖放流供苗单位黑名单管理，重点管理期限内不得再承担增殖放流项目苗种供应任务，不得向社会放流放生提供苗种，不得承担各级渔业主管部门的渔业项目，也不得参加各级渔业部门组织的各种评优、评先及示范创建活动。⑤强化供苗主体管理。要加强对苗种供应单位的规范化管理，指导苗种供应单位创造性开展工作。年度增殖放流结束后，省级渔业主管部门组织对苗种供应单位进行年度考核，凡年度考核不合格的，取消其下年度增殖放流项目苗种供应资格。

（2）加强增殖放流验收各环节全过程监管。①增殖放流期间，各级渔业主管部门要组织专业技术力量，对项目实施方和供苗方严格监督，以增殖放流技术规范为依据，对苗种检验检疫结果以及苗种出库、包装、计数、运输、投放等全过程进行监管，提高苗种入水成活率及增殖效益。②继续完善主管部门专业监督为主、社会义务监督（可建立社会义务监督成员库，由高校院所的师生、社会爱心人士等组成社会义务监督小组，经过培训后上岗，随机抽选社会义务监督员进行监督）、渔民代表、人大代表、政协委员、纪检部门监督为辅的监督机制，鼓励市域间循环交叉验收、同业监督，落实配备执法记录仪全过程录像监督制度，切实将增殖放流打造成实实在在的阳光工程。

（3）统筹增殖放流资源综合管护措施。①整合养护措施。探索设立增殖保护区，将增殖放流与海洋牧场、种质保护区建设、渔业执法、伏季休渔等保护措施有机结合起来，进一步提升综合养护效果。坚持"三分放、七分管"，强化增殖资源管护，加强增殖放流前、中、后管护，严防"前面放、后面捕"等偷渔滥捕现象，确保增殖效益最大化。在现行海洋伏季休渔制度的基础上，探索每年延长2~3个月休渔期，用3~5年时间逐步过渡到"常年休渔、选择性捕捞"制度上来。②创新牧场建管模式。树立大海洋牧场理念，朝着国家海洋公园的方向建设发展，力争建成国家投入型的公益性公园。海洋牧场建设宜以典型海域或典型生态系统为单元进行整体设计、科学建设，更多体现海洋牧场的整体生态功能，如莱州湾作为一个生态单元，海洋牧场建设要注重增强索饵场、产卵场、育幼场的生态功能；烟威近海作为一个生态单元，海洋牧场建设要注重增强洄游通道的保护功能等，全省高起点统筹规划3~4个大生态单元，全省按规划统筹干，而非各自为战；建管主体不宜再由私营企业承担，多数私营企业往往片面追求经济利益最大化，"大渔带小渔"功能发挥不充分，海洋牧场是一项公益事业，宜由大专院校、科研院所以及渔技系统等事业单位或国有企业、村集体等承担。③大力发展大水面生态渔业。抢抓黄河流域生态保护和高质量发展国家战略，在借鉴千岛湖、查干湖等大水面生态渔业发展经验做法及科学论证的基础上，开展东平湖、南四湖等大水面淡水生态牧场建设综合试点，充分发挥大水面以渔抑藻、以渔控草、以渔净水等渔业生态功能，推动一二三产业融合发展，不断拓展产业链、提升价值链，促进内陆渔业转型升级、提质增效。

2. 强化群众性底播增殖安全监管。山东省群众性底播增殖规模庞大，生态安全隐患形势严峻。建议省级渔业主管部门组织论证并制定底播增殖种类规模目录，县级渔业主管部门依法依规加强规模以上群众性底播增殖种质安全、检疫等属地常态化监管，实行底播前15日报告制度，切实防范外来种入侵风险，确保水域生态安全。

3. 强化社会性放流放生规范监管。社会性放流放生同样关乎水域生态安全，应当依法依规加强规范、引导。

（1）加强行业监督管理。开展社会性放流放生前，相关团体或组织应提前15天向当地渔业行政主管部门备案，包括放流时间、放流物种、放流数量、放流区域、检验检疫报告等情况，经渔业行政主管部门批准后方可组织实施，渔业行政主管部门派监管人员现场监督，严禁私放备案以外的物种。

（2）建立各级养护协会。建议成立山东省水生生物资源养护协会（或山东省放鱼协会），充分发挥协会在行业自律、资金募集、宣传科普、桥梁纽带等方面的积极作用，加强与佛教协会的沟通交流，协助渔业主管部门管好社会放流，同时还可作为专业第三方机构，为涉渔工程水生生物资源保护和补偿、社会捐助放流、增殖放流项目验收等提供相关服务。建立与民族宗教主管部门、社会放流组织、放生团体的沟通协调机制。在全国科学放鱼联盟的基础上，推动成立全国水生生物资源养护协会或中国渔业协会水生生物资源养护分会。

（3）畅通苗种供应渠道。结合全省增殖放流供苗体系建设，定期向社会发布社会放流定点供苗单位，打通社会放流苗种供应的"最后一公里"，确保生态安全。

（4）建设放鱼平台。建议安排专项资金，结合海岸带综合整治及海洋生态修复等项目，高起点、高标准建设一批集渔文化宣传、资源养护知识普及、休闲旅游、社会慈善放流等功能于一体的大型综合性放鱼台，为社会放流提供便利。建议将水域生态补偿放流纳入政府公益放流监管范畴，确保放流效果。

四、完善全方位支撑体系

1. 完善法规政策体系。

（1）出台相关法规制度。①省级层面。"十四五"期间，出台《山东省水生生物资源养护管理条例》地方性法规，替代现行政府规章，提高法规层次；根据工作需要，配套制定《山东省增殖放流工作导则》或《山东省水生生物增殖放流项目管理办法》《山东省水生生物增殖放流专项资金管理办法》《山东省水生生物增殖放流苗种供应单位管理办法》等规范性文件，强化增殖放流各类型、全过程、各环节规范管理。②国家层面。推动国家出台水生生物资源养护法，以高质量立法推动高质量发展。建议由农业农村部牵头，会同生态环境、自然资源、水利、交通运输等多部委成立水生生物资源养护立法领导小组，全面统筹立法工作。根据我国水生生物资源养护现状及立法基础，可分三步走完成立法工作。第一步，加快出台海洋牧场管理的系列规范性文件，在此基础上，出台海洋牧场建设管理办法部门规章；第二步，在《渤海生物资源养护规定》《长江水生生物保护管理规定》《水生生物增殖放流管理规定》《渔业捕捞许可管理规定》及《海洋牧场建设管理办法》等系列规章实践的基础上，出台《水生生物资源养护管理条例》；第三步，在《水生生物资源养护管理条例》实践的基础上，出台《水生生物资源养护法》。鉴于当前水域生态文明建设的迫切需求，亦可在现有基础上直接启动立法程序，尽快完成水生生物资源养护立法。

（2）改革苗种采购政策。建议与财政部门沟通，创新放流苗种采购方式方法，提高采购工作效率。①合理确定网上商城入驻门槛，让更多专业优质的苗种企业入驻；②政府采购分两步走，首先公开招标确定苗种供应商，与其签订3～5年供苗框架协议，然后根据年度放流资金规模，再签订年度供苗数量和种类补充协议；③中标方式不唯价格，不打价格战，科学实施综合评价法，真正让有实力、有经验、有能力的优质苗种场提供优质苗种，改革现行最低价中标为渐近标的价中标，标的价测算应充分考虑苗种生产成本、市场供求关系、检验包装运输等放流衍生费用以及企业合理利润等因素。

2. 完善苗种供应体系。

（1）打造专业供苗队伍。坚持规模化、集约化、专业化供苗，避免撒芝麻盐式供苗放流，战略目的是提高供苗效率，降低育苗成本，利于行业监管。坚持全省统一布局，沿海市以县（市、区）或典型水域为单元设置供苗单位数量，严格供苗单位准入，除大规格中国对虾等个别物种、海岸线漫长或海湾较多的县（市、区）外，原则上一个县（市、区）每个物种供苗单位数量不超过2个，每个供苗单位承担物种数量不超过3个，育虾的专门育虾、育蟹的专门育蟹、育鱼的专门育鱼。强化示范引领，创新开展省级增殖放流示范基地创建活动，建立"布局更加合理、队伍更加专业、规模更加集约、种质更有保障、监管更加有力、产出更加高效"的增殖放流供苗体系。内陆地区重点培育几个区域性淡水苗种繁育基地，为全省内陆水域放流提供苗种供应保障。支持科研院所、大专院校直接承担或参与鳗草等试验物种、水野濒危物种等技术含量较高的特殊物种增殖放流项目，切实提高试验成效。建议推动农业农村部打造一批国家级增殖放流示范基地。

（2）严格苗种自繁自育。根据山东实际，增殖放流苗种除鲢、鳙、草鱼可使用仔稚鱼自行培育外，其他苗种原则上应由供苗单位使用本地亲体自繁自育，严禁临时"买苗放流"，切实保障苗种质量、种质安全和生态安全。

3. 完善科技支撑体系。增殖放流必须紧紧依靠科技。建议从中央财政农业资源及生态保护补助资金、成品油价格调整对渔业发展补助资金中安排省级专项资金，设立增殖放流科技支撑项目。加强顶层设计，按照"由点带面、先易后难、梯度推进"的原则，由省级渔业发展技术支撑机构统筹组织开展精准增殖放流科研攻关，重点解决"放什么""在哪放""放多少""放多大""何时放""怎么放""怎么管""如何评""何以安""怎么优"等"十个放"的问题，逐步建立起与增殖放流大省相适应的增殖放流科技支撑体系。

（1）"测水配方"。开展渔业水域精准放流需求研究，重点解决"放什么""在哪放""放多少"等问题，进一步提升增殖放流的科学性。发挥全省渔业资源调查监测网络及数据共享机制。系统研究全省典型水域生态系统修复需求，建立全生态链增殖放流模式和增殖容量评估模型，逐步实现从"凭着感觉放、有什么放什么"到"生态系统需要什么放流什么、需要多少放流多少"的精准转变，持续优化增殖放流物种结构及空间布局。

（2）"标准实施"。开展增殖放流实施关键技术研究，重点解决"放多大""何时放""怎么放"等关键问题，进一步提升增殖放流的规范性。继续完善增殖放流标准化体系建设，尽快实现标准化放流所有物种全覆盖；同时，根据技术进步和发展及时修订现行标准。

（3）"科学评价"。开展增殖放流效果评价技术研究，重点解决"如何评""何以安""怎样优"等问题，进一步提升增殖放流的安全性、有效性。强化增殖放流从亲体准备、苗种繁育，到苗种出池、包装、计数、运输、投放，再到苗种跟踪监测、效果评价的全过程综合评价，建立增殖放流效果评价标准化指标体系，对增殖放流效果进行精准评价。探索使用分子标记、环境 DNA 等先进手段精准评价单个供苗主体、单个增殖区域增殖放流的资源贡献率，评价放流主体的工作成效。开展最小亲体数量以及放流群体对野生群体的生态学、遗传多样性及对生态系统结构和功能的影响等研究。强化效果评价成果运用，及时优化增殖对策。

（4）"智慧放流"。开展增殖放流智慧监管技术研究，重点解决"怎么管"等问题，进一步提升增殖放流监管效能。推广应用分辨率高、准确率高、稳定性好的苗种智能计数仪器，探索开发鱼、虾、蟹、海蜇等苗种野化训练装备，研究突破增殖放流物种种质快速鉴定方法。利用区块链、物联网等先进技术，建立增殖放流一张图，逐步实现对增殖放流全过程的智慧监管。

（5）"搭建平台"。组建全省海洋牧场产业体系创新团队及水生生物增殖放流专家咨询委员会。依托创新团队和专家智库，制约全省增殖放流高质量发展的关键性技术问题开展协同攻关，为渔业主管部门科学决策提供咨询建议。建议国家层面：一是成立全国水生生物增殖放流专家咨询委员会；二是安排专项资金，统筹开展增殖放流"卡脖子"技术攻关。

五、加大和创新宣传工作

1. 强化顶层设计。建议坚持全省一盘棋，每年省里统筹制定并实施包括增殖放流、海洋牧场、伏季休渔、休闲渔业、渔业执法、各类保护区建设等主要内容的年度全省水生生物资源养护总体宣传方案，讲好山东的资源养护故事，讲好山东的科学放鱼故事，持续提升山东渔业的社会影响力。积极整合农业、环保、海洋、渔业等行业系统力量，利用好"6月5日世界环境日，6月6日全国放鱼日，6月8日世界海洋日"等宣传窗口，整合宣传资源，形成宣传合力。

2. 坚持品牌赋能。依托年度全省水生生物资源养护总体宣传方案，建议按照"政府搭台、全民唱戏"工作思路，重点打造"放鱼日""牧场节""开渔节""海钓节"等特色渔业节庆活动品牌，如6月6日打造"放鱼日"，暑假期间打造"牧场节"，开捕日举办"开渔节"，农民丰收节前后打造"海钓节"，以文化节庆活动聚人气、扩影响，同时鼓励各地打造具有地方特色的渔业品牌；建议全省统一策划打造一个水生生物资源养护的特色品牌，如"鲁有鱼"，此品牌亦可作为整个山东渔业的特色品牌；建议结合黄河流域生态保护和高质量发展重大国家战略，争取农业农村部同意，沿黄河流域9省区，农业农村部联办6月6日全国"放鱼日"主场活动暨黄河流域生态保护和渔业高质量发展高峰论坛·"鲁有鱼"山东省水生生物资源养护系列宣传活动；争取省政府按程序报请国务院同意将"放鱼日"上升为山东地方性节日；深化党建业务融合发展，培育一批接地气、有影响、群众喜闻乐见的特色党建品牌，如"两山理念·碧水责任""放鱼养水·养护生态"等。

3. 创新宣传形式。精心制作公益放鱼广告并争取在省卫视、央视黄金时间滚动播放，为全国"放鱼日"活动宣传造势；继续创新开展"碧水责任·云放鱼"活动，坚持政府放流和社会放生相结合、线上和线下相结合、免费认领和爱心认购相结合，建议创新策划举办心系江河湖海——全国"碧水责任·云放鱼"暨山东省放鱼周活动，推动"云放鱼"从山东走向全国，持续打造全民参与的"大放流"格局。建议国家层面：参照世界海洋日宣传模式，加强宣传顶层设计，形成宣传合力；聘请有社会影响力的爱心人士出任全国水生生物资源养护形象大使；继续推动"6月6日"上升为全国法定节日。

六、争取开展全国创新试点

山东省是渔业大省、增殖放流大省，目前增殖放流规模、增殖管理与技术水平及增殖效果等总体处于全国领先地位，但新时代山东省增殖放流事业高质量发展仍面临资金保障、实施模式创新、供苗体系完善、种质及生态安全防控、全方位支撑体系建设等诸多堵点、痛点和难点，这些问题亦是全国的共性问题，零敲碎打很难突破，必须加强顶层设计，整体谋划推进，建议争取农业农村部委托山东省开展新时代增殖放流创新试点，系统探索项目实施、行业监管、能力建设等创新模式，为全国水生生物增殖放流和资源养护提供可复制、可推广的经验做法，为新时代全国水生生物增殖放流和资源养护事业高质量发展再立新功。

主要参考文献

陈大刚，张美昭，2015. 中国海洋鱼类 ［M］. 青岛：中国海洋大学出版社 .

董天威，卢晓，苏彬，等，2017. 山东省海洋增殖放流回顾与思考（上）［J］. 齐鲁渔业，
　　34（2）：37 - 44.

付海鹏，王云中，卢晓，等，2016. 蓬莱衙前村海域许氏平鲉标志放流试验研究 ［J］. 齐鲁
　　渔业，33（11）：8 - 10.

胡新艳，苏彬，董天威，等，2023. 关于建立山东水生生物增殖放流科技支撑体系的战略
　　思考 ［J］. 中国水产（2）：42 - 44.

李凡，涂忠，徐炳庆，等，2022. 莱州湾三疣梭子蟹增殖放流与效果评价 ［M］. 北京：海
　　洋出版社：40 - 50.

刘蝉馨，秦克静，1987. 辽宁省动物志·鱼类 ［M］. 沈阳：辽宁科学技术出版社 .

刘静，陈咏霞，马琳，2015. 黄渤海鱼类图志 ［M］. 北京：科学出版社 .

刘瑞玉，2008. 中国海洋生物名录 ［M］. 北京：科学出版社 .

刘亚平，胡新艳，董天威，等，2022. 山东增殖放流供苗制度及体系发展历程与展望 ［J］.
　　中国水产（11）：46 - 49.

柳明辉，李凡，涂忠，等，2016. "伏季休渔"制度回顾与思考 ［J］. 齐鲁渔业，33（5）：
　　45 - 47.

卢晓，董天威，陈建涛，等，2017. 山东省恋礁性鱼类增殖放流回顾与思考 ［J］. 齐鲁渔
　　业，34（12）：34 - 40.

卢晓，董天威，涂忠，等，2017. 放鱼养水护生态 耕海牧渔保民生 ［J］. 中国水产（11）：
　　37 - 39.

卢晓，董天威，涂忠，等，2018. 山东省三疣梭子蟹增殖放流回顾与思考 ［J］. 渔业信息与
　　战略，33（2）：104 - 108.

卢晓，董天威，吴红伟，等，2018. 关于我国水生生物增殖放流生态安全的思考 ［J］. 中国
　　水产（1）：52 - 54.

卢晓，董天威，于本淑，等，2018. 山东省中国对虾增殖放流回顾与思考 ［J］. 齐鲁渔业，
　　35（6）：42 - 46.

潘永玺，王云中，涂忠，等，2012. 急性盐度胁迫对黑鲷幼鱼行为及存活的影响 ［J］. 齐鲁
　　渔业，29（6）：1 - 3.

潘永玺，王云中，涂忠，等，2012. 苗种规格及药浴暂养对体外挂牌标志黑鲷存活的影响 [J]. 齐鲁渔业，29（7）：20 - 22.

单斌斌，宋娜，刘淑德，等，2017. 基于线粒体 COI 基因序列的金乌贼群体遗传学研究 [J]. 中国海洋大学学报，47（5）：50 - 56.

孙作登，罗刚，涂忠，等，2017. 山东省内陆水域增殖放流存在的问题及建议 [J]. 中国水产（5）：26 - 28.

涂忠，卢晓，董天威，等，2019. 制约增殖放流工作高质量发展的问题分析与对策建议 [J]. 中国水产（7）：16 - 19.

涂忠，罗刚，杨文波，等，2016. 我国开展水生生物增殖放流工作的回顾与思考 [J]. 中国水产（11）：36 - 41.

涂忠，王四杰，王熙杰，等，2016. 近十年来山东省海洋增殖放流情况及"十三五"海洋增殖放流工作的建议 [J]. 齐鲁渔业，33（6）：38 - 42.

涂忠，王云中，张磊，等，2013. 莱州湾东部近海黑鲷标志放流效果初探 [J]. 齐鲁渔业，30（4）：4 - 7.

汪松，解焱，2009. 中国物种红色名录 [M]. 北京：高等教育出版社.

王云中，涂忠，2022. 关于我国水生生物资源养护立法的思考 [J]. 中国水产（5）：47 - 49.

王云中，王欣，涂忠，2014. 包装密度对放流对虾仔虾存活的影响 [J]. 齐鲁渔业，31（2）：9 - 11.

王云中，王欣，涂忠，2014. 温盐环境骤变对放流对虾仔虾入海存活的影响 [J]. 齐鲁渔业，31（3）：1 - 3.

于本淑，卢晓，董天威，等，2020. 山东省水生生物增殖放流工作思考 [J]. 齐鲁渔业，37（11）：45 - 47.

张沛东，张倩，张秀梅，等，2014. 底质类型对中国明对虾存活、生长及行为特征的影响 [J]. 中国水产科学，21（5）：1079 - 1086.

张秀梅，王熙杰，涂忠，等，2009. 山东省渔业资源增殖放流现状与展望 [J]. 中国渔业经济，27（2）：51 - 58.

赵传絪，林景祺，1990. 中国海洋渔业资源 [M]. 杭州：浙江科学技术出版社.

中国科学院动物研究所，中国科学院海洋研究所，上海水产学院，1962. 南海鱼类志 [M]. 北京：科学出版社.

Binbin Shan，Min Hui，Xiume Zhang，et al.，2017. Genetic effects of released swimming crab（Portunus trituberculatus）on wild populations inferred from mitochondrial control region sequences [J]. Mitochondrial DNA Part A，29（6）：1 - 6.